Word/Excel/PPT

2021 办公应用

从入门到精通

神龙工作室 编著

人民邮电出版社

北京

图书在版编目（C I P）数据

Word/Excel/PPT 2021办公应用从入门到精通 / 神龙
工作室编著. -- 北京 : 人民邮电出版社, 2024.5
ISBN 978-7-115-59451-8

Ⅰ. ①W… Ⅱ. ①神… Ⅲ. ①办公自动化－应用软件
Ⅳ. ①TP317.1

中国版本图书馆CIP数据核字(2022)第105581号

内 容 提 要

本书以解决工作中的问题为出发点，介绍 Word、Excel、PowerPoint 的常用功能、使用方法和操作技巧。

全书分为 3 篇，共 12 章。第 1 篇"Word 办公应用"（包括第 1~3 章），介绍文档的编辑、表格与图形的使用、Word 高级排版等；第 2 篇"Excel 数据处理与分析"（包括第 4~9 章），介绍 Excel 表格制作与数据录入、Excel 中的数据处理、数据验证与多表合并，以及数据透视表、公式与函数、图表的应用等；第 3 篇"PPT 的设计与制作"（包括第 10~12 章），介绍 PPT 的编辑与设计、使用模板快速制作 PPT、PPT 的动画设置与放映等。

本书实例丰富、可操作性强，既可作为职场新人、在校大学生的自学教程，也可以作为各类职业院校相关课程的教材或企业培训的参考书。

◆ 编　著　神龙工作室
责任编辑　马雪伶
责任印制　胡　南

◆ 人民邮电出版社出版发行　　北京市丰台区成寿寺路 11 号
邮编　100164　电子邮件　315@ptpress.com.cn
网址　https://www.ptpress.com.cn
北京九州迅驰传媒文化有限公司印刷

◆ 开本：787×1092　1/16
印张：15.25　　　　　　　　　2024 年 5 月第 1 版
字数：399 千字　　　　　　　 2025 年 4 月北京第 3 次印刷

定价：59.90 元

读者服务热线：(010)81055410　印装质量热线：(010)81055316
反盗版热线：(010)81055315

前　言

Microsoft Office 是目前主流的办公软件，具有功能强大、操作简单及安全稳定等特点，是人们日常工作和学习中不可或缺的好帮手。

Word、Excel、PowerPoint 是 Microsoft Office 中使用范围最广的工具，它们是提高工作效率的有力"武器"。熟练使用Word、Excel、PowerPoint，可以大大增加就业"砝码"，从而在职场上获得更多的机会。

学好Word，可以制作规章制度、活动方案、求职简历、营销计划书等各种文档；学好Excel，可以制作工资表、考勤表、数据分析表等各种表格；学好PowerPoint，可以制作公开演讲、报告、总结或培训等各种PPT。掌握并熟练地使用 Microsoft Office 对办公十分重要，希望读者通过学习本书内容，能够提高 Microsoft Office 应用能力，从而迅速提升职场竞争力。本书所有案例均基于 Microsoft Office 2021讲解。

本书特色

■ **以实例为主，易于上手**。本书突破传统的按部就班讲解知识的模式，以实际工作中的案例为主线，以解决问题为出发点，通过拆解经典实例讲解软件常用功能，以便读者能够轻松上手。

■ **贴心提示，专家解答**。"提示"栏目介绍了读者在学习过程中容易忽视的细节；"问题解答"栏目则用于解答读者常见的问题。

■ **双栏排版，超大容量**。本书采用双栏排版的格式，信息量大，在有限的篇幅中为读者提供更多的知识和实例。

■ **图文并茂，一步一图**。具体操作步骤配有对应的插图，使读者在学习过程中能够直观、清晰地看到操作的过程及其效果，学习轻松且高效。

■ **视频教学，直观高效**。本书的配套教学视频与书中的内容紧密结合，读者可以扫描下页的二维码，在手机、电脑等终端观看，随时随地学习。

 资源获取方法

　　本书配有丰富多样的教学资源，旨在帮助读者提升解决实际问题的能力。扫描下方的二维码，关注"Office办公达人之路"公众号，发送"59451"可领取资源，也可以根据提示信息加入读者QQ群。

本书配套资源的具体内容如下：

● 　本书实例的原始文件与最终效果文件；

● 　9小时与本书内容同步的视频；

● 　3小时PPT设计与制作视频；

● 　5小时财务会计工作实操/人力资源管理/电商数据分析视频；

● 　900套Office实用模板；

● 　包含1280个Office应用技巧的电子书；

● 　包含190个经典案例的Excel函数与公式使用电子书。

　　由于编者水平有限，书中错误、疏漏之处在所难免，敬请读者批评指正。若读者在阅读过程中产生疑问或有任何建议，可以发送电子邮件至maxueling@ptpress.com.cn。

编者

目 录

问题解答

* 输入文字时，光标右侧的文字没有了，怎么办
* 编号（项目符号）与文字之间的空隙太大，怎么办
* 如何将阿拉伯数字转换为人民币大写格式
* 如何取消按【Enter】键后自动产生的编号

第2章
表格与图形的使用

第3章
Word高级排版

第2篇
Excel 数据处理与分析

第4章
Excel表格制作与数据录入

问题解答

　※　表格很长，看不到表头怎么办

　※　如何保护工作表

第5章
Excel中的数据处理

第6章
数据验证与多表合并

第7章
数据透视表，数据汇总很简单

问题解答

　※　如何计算销售占比

　※　如何制作日程表

第8章
公式与函数的应用

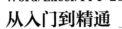
问题解答

※ 如何快速查找函数
※ XMATCH函数介绍

第9章
图表，让数据分析更直观

问题解答

　＊ 如何让柱形图变成山峰图

第 3 篇
PPT的设计与制作

第10章
PPT的编辑与设计

问题解答

　＊ 如何快速修改PPT字体
　＊ 如何和同事共同创作一份PPT

第11章
使用模板快速制作PPT

问题解答

　＊ 图片背景填充如何实现

第12章
PPT的动画设置与放映

问题解答

　＊ 如何使用动画刷快速复制动画效果
　＊ 如何设置音乐与动画同步播放
　＊ 如何设置自动切换页面

第1篇

Word 办公应用

本篇将结合工作中的实例，讲解 Word 文档的常用功能及进阶功能的应用，为职场人员编辑文档提供必要帮助。学完本篇后，读者可以制作出会议纪要、公司考勤制度、公司培训方案、工作总结等各类办公文档。

第1章

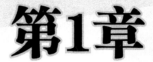

文档的编辑

本章主要讲解Word文档的编辑，这是Word文档学习中很基础也很重要的内容，主要包括文档的创建与编辑、字体与段落格式的设置、文档的审阅及文档的保护与打印等内容。学好这些基础内容，在编辑Word文档时才能得心应手。

学习导图

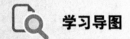

以"会议纪要"为例学习文档的创建与编辑

以"公司考勤制度"为例学习字体、段落格式的设置

文档的编辑

以"公司培训方案"为例学习视图模式、审阅文档的相关内容

以"工作总结"为例学习保护、打印和导出文档的操作

1.1 会议纪要

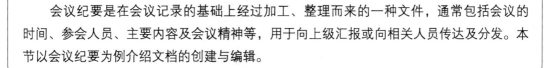

会议纪要是在会议记录的基础上经过加工、整理而来的一种文件，通常包括会议的时间、参会人员、主要内容及会议精神等，用于向上级汇报或向相关人员传达及分发。本节以会议纪要为例介绍文档的创建与编辑。

1.1.1 创建文档

使用Word 2021可以方便地创建各种文档，创建文档的方法有很多，下面重点介绍工作中常用的两种方法：新建空白文档、通过联机模板新建文档。

1. 新建空白文档

工作中，我们通常会将不同文件存放在不同的文件夹中，方便使用。在新建文档时，可以直接在相应的文件夹中创建。

01 选定文件的保存位置，例如要将文档保存在E盘的"文件"文件夹中，则双击打开该文件夹。

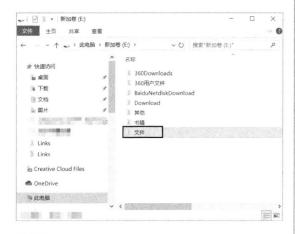

02 在文件夹中单击鼠标右键，在弹出的快捷菜单中依次选择【新建】→【Microsoft Word 文档】选项。

 提示

使用这个方法也可以创建Excel文件或PPT文件。

03 新建的Word文档如下图所示。

04 在新建的Word文档上单击鼠标右键，在弹出的快捷菜单中选择【重命名】选项，将文档名修改为"会议纪要"。

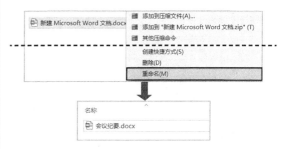

2. 通过联机模板新建文档

微软公司还提供了很多精美且专业的联机模板。当需要制作一些有固定格式的文档，例如会议纪要、通知、信封等时，使用联机模板将会事半功倍。

下面以创建一个会议纪要文档为例，介绍通过联机模板新建文档的具体操作方法。

01 单击计算机左下角的【开始】菜单按钮 ⊞，从弹出的菜单中选择【Word】选项。

02 从弹出的窗口中选择【新建】选项，系统会弹出【新建】界面，在搜索框中输入想要搜索的模板名称，例如输入"会议纪要"，单击右侧的【开始搜索】按钮 🔍。

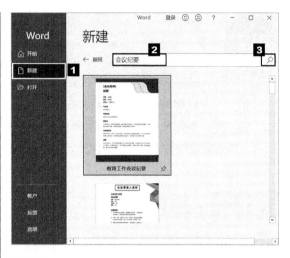

03 在搜索到的模板中找到合适的模板并双击即可创建新的文档。

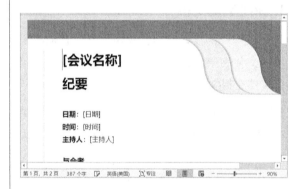

> **提示**
>
> 联机模板的下载需要连接网络，否则无法显示模板信息。

1.1.2 输入文档内容

文档创建完成后，就可以输入文档内容了，接下来介绍如何在Word文档中输入中文、英文及带圈字符等内容。

配套资源
第1章\会议纪要—原始文件
第1章\会议纪要—最终效果

请观看视频

1. 输入中文

新建会议纪要空白文档后，就可以在文档中输入内容了。

关于如何在文档中输入中文及数字，读者可以观看本小节的视频学习。

在文档中输入中文时，经常会遇到一些使用频率较高、输入较为麻烦的词语。这时可以使用自动更正功能，在用户输入简要词之后，自动更正功能可将其替换成全名，从而提高输入效率。具体操作步骤如下。

01 打开本实例的原始文件，单击左上角的【文件】按钮。

02 从弹出的界面中选择【选项】选项。

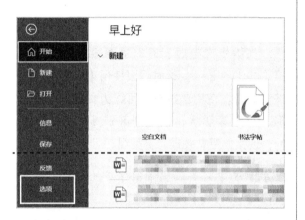

03 弹出【Word选项】对话框，切换到【校对】选项卡，在【自动更正选项】选项组中单击【自动更正选项】按钮。

04 弹出【自动更正】对话框，并自动切换到【自动更正】选项卡，在【键入时自动替换】列表框的【替换】文本框中输入"重工"，在【替换为】文本框中输入"重点工作"，单击【添加】按钮。

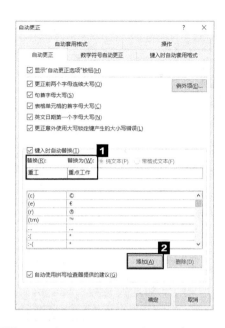

05 可以看到设置的自动替换内容已经被添加到列表框中，单击【确定】按钮。

06 返回【Word选项】对话框，单击【确定】按钮，返回Word文档。在文档中输入"重工"，系统会自动将其替换为"重点工作"。

2. 输入英文

在编辑文档的过程中，用户如果想要输入英文文本，需先将输入法切换到英文状态，然后再进行输入。

01 按【Shift】键将输入法切换到英文状态，再按【Caps Lock】键切换到英文大写状态，然后将光标定位到括号中，输入大写英文文本"RTC"。

1 安全生产。采购部开展的"安全月"活动取得了较好成效，请生产部等其他部门认真借鉴。

2 生产工作。生产部要高度重视质量问题，同时确保重点产品（RTC）三季度的生产。

3 销售工作。销售部要针对当前形势，按照"稳增长、调结构"的原则，重点客户，重点维护。

02 如果要更改已输入英文的大小写，需先选择英文内容，如"RTC"，然后切换到【开始】选项卡，在【字体】组中单击【更改大小写】按钮，从弹出的下拉列表中选择【小写】选项。

03 此时，可以看到英文内容变为小写的"rtc"。

2 生产工作。生产部要高度重视质量问题，同时确保重点产品（rtc）三季度的生产。

04 若希望设置为只有首字母大写，则先选中"rtc"，然后按【Shift】+【F3】组合键，这时"rtc"变成了"Rtc"（首字母大写）；再次按【Shift】+【F3】组合键，"Rtc"则变成了"RTC"。

2 生产工作。生产部要高度重视质量问题，同时确保重点产品（Rtc）三季度的生产。

2 生产工作。生产部要高度重视质量问题，同时确保重点产品（RTC）三季度的生产。

开启英文大写的快捷键为【Caps Lock】。按【Caps Lock】键可以切换到英文大写状态，再按一次【Caps Lock】键可以关闭英文大写状态。在输入法中，按【Shift】+字母键也可以输入大写字母。

切换中英文输入法的快捷键为【Shift】。按此快捷键可以非常方便地在中英文输入法之间切换。

3. 输入带圈字符

在编辑文档时，有时需要输入带圈的字符（如①、②），这时可以使用【带圈字符】按钮完成，使用该按钮还可以为文字加上正方形、菱形等形状，以达到区别其他文字的目的，使文档更有条理、更美观。

01 选中需要设置带圈字符的内容，例如"1"，切换到【开始】选项卡，单击【带圈字符】按钮。

02 在弹出的对话框中选择【增大圈号】选项，在【圈号】列表框中选择【圆形】选项，单击【确定】按钮。

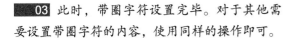

03 此时，带圈字符设置完毕。对于其他需要设置带圈字符的内容，使用同样的操作即可。

> ① 安全生产。采购部开展的"安全月"活动取得了较好成效，请生产部等其他部门认真借鉴。

在Word文档中输入带圈数字的方法有多种，如使用插入编号的方法也可输入带圈数字。

1.1.3　编辑文档

编辑文档的基本操作包括选择文本、复制与粘贴文本、查找与替换文本等，下面逐项进行介绍。

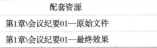

配套资源
第1章\会议纪要01—原始文件
第1章\会议纪要01—最终效果

请观看视频

1. 选择文本

对Word文档中的文本进行编辑之前，应选择要编辑的文本。选择文本的方法主要有使用鼠标选择和使用组合键选择两种。

读者可以观看本小节的视频，学习使用鼠标选择文本的方法。下面重点介绍使用组合键选择文本的方法。

在使用组合键选择文本前，用户应根据需要将光标定位到合适的位置，然后按相应的组合键选择文本，主要是通过【Shift】、【Ctrl】和方向键来实现，操作方法如下表所示。

组合键	功能
Ctrl + A	选择整篇文档
Ctrl + Shift + Home	选择文档开始处至光标所在处的文本
Ctrl + Shift + End	选择光标所在处至文档结束处的文本
Alt + Ctrl + Shift + PageUp	选择本页开始至光标所在处的文本
Alt + Ctrl + Shift + PageDown	选择光标所在处至本页结束处的文本

（续表）

组合键	功能
Shift + ↑	向上选中一行
Shift + ↓	向下选中一行
Shift + ←	向左选中一个字符
Shift + →	向右选中一个字符
Ctrl + Shift + ←	选择光标所在处左侧的词语
Ctrl + Shift + →	选择光标所在处右侧的词语

2. 复制与粘贴文本

在编辑文本时，经常需要复制与粘贴文本。复制与粘贴文本的方法主要有使用组合键和使用右键菜单两种，下面分别进行介绍。

○ 使用组合键复制与粘贴文本

常用的复制与粘贴文本的方法是使用【Ctrl】+【C】组合键和【Ctrl】+【V】组合键：选中文本，按【Ctrl】+【C】组合键复制文本，在目标位置单击，然后按【Ctrl】+【V】组合键即可将复制的内容粘贴。

也可以使用【Shift】+【F2】组合键来复制与粘贴文本：选中文本，按【Shift】+【F2】组合键复制文本，在目标位置单击，然后按【Enter】键即可将复制的内容粘贴。

○ 使用右键菜单复制与粘贴文本

01 选中文本，在文本上单击鼠标右键，在弹出的快捷菜单中选择【复制】选项。

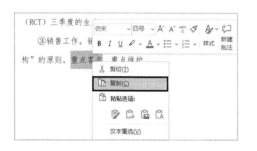

02 在目标位置单击鼠标右键，弹出的快捷菜单中的【粘贴选项】下有4个选项，选择合适的选项即可。

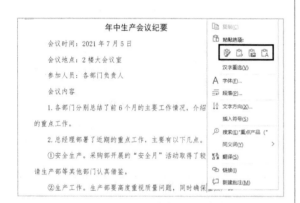

选择【保留源格式】选项，粘贴后的文本可以保留其本身的字体、颜色及线条等格式。

选择【合并格式】选项，可以将新复制的文档内容转变为与目标文档相同的格式。

选择【图片】选项，粘贴到文档中的内容以图片形式显示，其中的文字内容无法编辑。

如果希望粘贴的内容不发生变更，可以选择此选项。

选择【只保留文本】选项，粘贴后的文本不保留任何原来的格式。

3. 查找与替换文本

○ 查找文本

在编辑文档时，有时要查找某些字词，例如查找文档中的"安全月"，如果文档内容较少，可以手动进行查找，但是如果文档篇幅较大，手动查找会很烦琐而且容易遗漏，这时使用查找功能可以节省大量的时间。

01 切换到【开始】选项卡，在【编辑】组中单击【查找】按钮的右半部分，在弹出的下拉列表中选择【查找】选项。

02 弹出【导航】窗格。在查找文本框中输入"安全月"，随即在文档中找到该文本所在的位置，文档中的文字"安全月"以黄色底纹显示。

O 替换文本

在编辑文档时，有时要替换某些字词，例如将文档中的"安全月"替换为"安全生产月"。这时使用替换功能可以实现批量替换，从而节省大量的时间。

01 切换到【开始】选项卡，在【编辑】组中单击【替换】按钮。

02 在弹出的【查找和替换】对话框中，在【查找内容】文本框中输入"安全月"，在【替换为】文本框中输入"安全生产月"，单击【全部替换】按钮。

03 弹出提示对话框，提示用户替换全部完成，完成1处替换。单击【确定】按钮。

04 单击【关闭】按钮，返回Word文档，即可看到替换后的效果。

> 1. 各部门分别总结了前 6 个月的主要工作情况，介绍了下半年的重点工作。
>
> 2. 总经理部署了近期的重点工作，主要有以下几点。
>
> ① 安全生产。采购部开展的"安全生产月"活动取得了较好成效，请生产部等其他部门认真借鉴。

提示

可以用组合键调用查找和替换功能，这样效率会更高。

查找组合键：【Ctrl】+【F】。

替换组合键：【Ctrl】+【H】。

1.1.4 保存文档

在编辑文档的过程中需要及时对文档进行保存才能保证文档内容不丢失。

保存文档的方法有很多，读者可以观看视频学习，视频中介绍了通过【文件】菜单保存文件、将文档另存为某个文件等保存方式。

配套资源
第1章\会议纪要02—原始文件
第1章\会议纪要02—最终效果

请观看视频

下面介绍快速保存和自动保存两种方式。

1. 快速保存

在编辑文档的过程中，应随时将其保存，按【Ctrl】+【S】组合键就可以实现。

2. 自动保存

使用Word的自动保存功能，可以在计算机断电或死机的情况下最大限度地减少损失。

01 打开本实例的原始文件，在Word文档窗口中单击【文件】按钮。

03 在弹出的【Word选项】对话框中切换到【保存】选项卡，勾选【保存自动恢复信息时间间隔】复选框，将时间间隔值设置为5分钟，单击【确定】按钮。

02 从弹出的界面中选择【选项】选项。

1.2 公司考勤制度

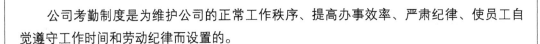

公司考勤制度是为维护公司的正常工作秩序、提高办事效率、严肃纪律、使员工自觉遵守工作时间和劳动纪律而设置的。

1.2.1 页面设置

页面设置主要包括设置纸张大小和设置页边距，以方便后期打印。

配套资源
第1章\公司考勤制度—原始文件
第1章\公司考勤制度—最终效果

请观看视频

1. 设置纸张大小

01 打开本实例的原始文件，切换到【布局】选项卡，单击【页面设置】组右侧的对话框启动器按钮 。

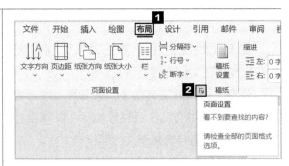

02 在弹出的【页面设置】对话框中切换到【纸张】选项卡，在【纸张大小】下拉列表中选择【A4】选项，单击【确定】按钮。

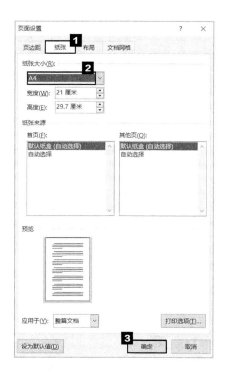

02 弹出【页面设置】对话框，系统自动切换到【页边距】选项卡。在【上】【左】【下】【右】微调框中调整页边距大小，在【纸张方向】选项组中选择【纵向】选项，单击【确定】按钮。

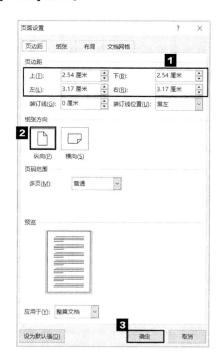

2. 设置页边距

01 单击【页面设置】组右下角的对话框启动器按钮 ▣。

1.2.2　设置字体格式

为了使文档内容清晰明了、重点突出，用户可以对文档中文本的字体格式进行设置。设置字体格式主要包括设置字体、字号、字符间距等。

配套资源
第1章\公司考勤制度01—原始文件
第1章\公司考勤制度01—最终效果

请观看视频

1. 设置字体、字号

要使文档中的文字更利于阅读，就需要对字体及字号进行设置，以区分各种不同的文本。下面重点介绍使用【字体】组设置字体和

字号的方法。

考勤制度文档主要是供公司内部使用，没有严格的格式要求，只需清楚地显示出层级结构即可。使用【字体】组进行字体和字号设置的具体步骤如下。

01 打开本实例的原始文件，选中文档标题"考勤及休假制度"，切换到【开始】选项卡，在【字体】组的【字体】下拉列表中选择一种合适的字体，例如选择【宋体】选项。

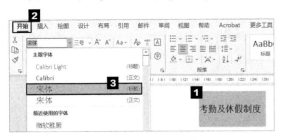

02 在【字号】下拉列表中选择合适的字号，标题需要重点突出，字号要设置得大一些，这里选择【二号】选项。

还可以使用【字体】对话框来设置文档中文本的字体、字号，读者可以观看本小节的视频学习其他设置字体和字号的方法。

2.设置字符间距

设置文档中文本的字符间距可以使文档的页面布局更符合实际需要。设置字符间距的具体步骤如下。

01 选中标题"考勤及休假制度"，切换到【开始】选项卡，单击【字体】组右下角的对话框启动器按钮 。

02 在弹出的【字体】对话框中切换到【高级】选项卡，在【字符间距】选项组的【间距】下拉列表中选择【加宽】选项，在【磅值】微调框中将磅值调整为【4磅】，单击【确定】按钮。

03 返回Word文档，设置效果如下图所示。

1.2.3 设置段落格式

设置了字体格式之后，用户还可以为文本设置段落格式，Word提供了多种设置段落格式的方法，主要包括设置对齐方式、段落缩进和间距等。

	配套资源
	第1章\公司考勤制度02—原始文件
	第1章\公司考勤制度02—最终效果

请观看视频

1. 设置对齐方式

段落和文字的对齐方式可以通过【段落】组进行设置，也可以通过【段落】对话框进行设置。

○ 通过【段落】组设置对齐方式

打开本实例的原始文件，选中标题"考勤及休假制度"，切换到【开始】选项卡，在【段落】组中单击【居中】按钮，设置效果如下图所示。

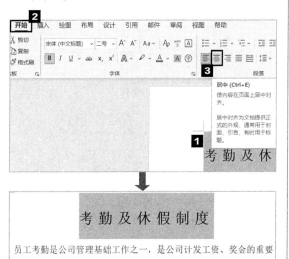

○ 通过【段落】对话框设置对齐方式

01 选中文档中的段落或文字，切换到【开始】选项卡，单击【段落】组右下角的对话框启动器按钮。

02 在弹出的【段落】对话框中切换到【缩进和间距】选项卡，在【对齐方式】下拉列表中选择【两端对齐】选项，单击【确定】按钮。

2. 设置段落缩进

通过设置段落缩进，可以调整文档正文与页边距之间的距离。用户可以通过【段落】组或【段落】对话框设置段落缩进。

○ 通过【段落】组设置段落缩进

01 选中文档中的段落或文字，切换到【开始】选项卡，在【段落】组中单击【增加缩进量】按钮，如下图所示。

02 返回Word文档，选中的文本段落向右侧缩进了一个字符。从下图可以看到向右缩进一个字符前后的对比效果。

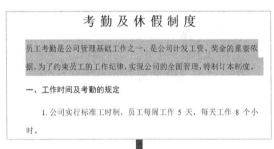

○ 通过【段落】对话框设置段落缩进

01 选中文档中的段落或文字，切换到【开始】选项卡，单击【段落】组右下角的对话框启动器按钮 。

02 在弹出的【段落】对话框中切换到【缩进和间距】选项卡，在【缩进】选项组中设置首行缩进2字符，其他设置保持不变，单击【确定】按钮。

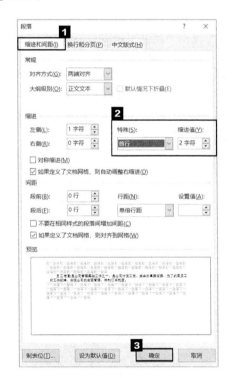

3. 设置行间距和段落间距

间距是指行与行之间、段落与行之间、段落与段落之间的距离。用户可以通过如下方法设置行间距和段落间距。

⊙ 通过【段落】组设置行间距和段落间距

▐ 01 ▐ 按【Ctrl】+【A】组合键选中全文，切换到【开始】选项卡，在【段落】组中单击【行和段落间距】按钮，从弹出的下拉列表中选择一个合适的选项，这里选择【1.15】选项，随即行距变成了1.15倍。

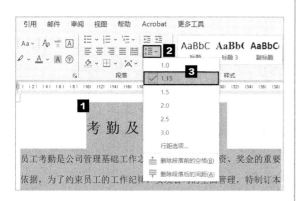

▐ 02 ▐ 选中文档中的如下段落，在【段落】组中单击【行和段落间距】按钮，从弹出的下拉列表中选择【增加段落后的空格】选项，随即便增大了所选中段落的段后间距。

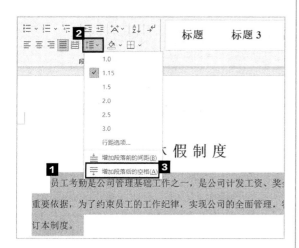

提示

选择【增加段落后的空格】选项后，该选项变为【删除段落后的空格】选项。选择【删除段落后的空格】选项，可恢复段后间距。

⊙ 通过【段落】对话框设置行间距和段落间距

▐ 01 ▐ 选中文档标题，切换到【开始】选项卡，单击【段落】组右下角的对话框启动器按钮 ▣ 。

▐ 02 ▐ 弹出【段落】对话框，并自动切换到【缩进和间距】选项卡。调整【段前】微调框中的值为"1行"，【段后】微调框中的值为"1行"，在【行距】下拉列表中选择【最小值】选项，在【设置值】微调框中输入"12磅"，单击【确定】按钮。

◎ 通过【布局】选项卡设置行间距和段落间距

选中文档中的各条目，切换到【布局】选项卡，在【段落】组中将【段前】和【段后】微调框中的值均调整为"0.5行"，效果如右图所示。

1.3 公司培训方案

在确定了培训目标之后，还需要借助培训方案对培训内容、培训资源、培训对象、培训时间、培训方法、培训场所及培训物资设备等进行综合布局和安排。

1.3.1 不同的场景，使用不同的视图模式

Word提供了多种视图模式供用户选择，包括阅读视图、页面视图、Web版式视图、大纲视图和草稿视图5种，【视图】选项卡中还新增了【沉浸式】组，包括专注和沉浸式阅读器两项功能。下面以"公司培训方案"为例分别进行介绍。

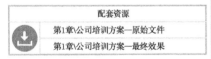

配套资源
第1章\公司培训方案—原始文件
第1章\公司培训方案—最终效果

请观看视频

1. 阅读视图

阅读视图是为了方便浏览文档内容而设计的，此视图模式默认仅保留了方便在文档中跳转的导航窗格，将其他诸如开始、插入、页面设置、审阅、邮件合并等文档编辑工具进行了隐藏，扩大了Word文档的显示区域，便于用户在Word中浏览较长的文档。使用此视图的步骤如下。

打开本实例的原始文件，切换到【视图】选项卡，在【视图】组中单击【阅读视图】按钮，即可切换到阅读视图。

在上图中，单击正文左右两侧的箭头，或者直接按左右方向键，即可分屏切换文档显示。

2. 页面视图

页面视图是Word的默认视图，一般编辑文档的绝大多数操作都需要在此视图模式下进行，从页面设置、文字录入、图形绘制，到页眉页脚设置、生成自动化目录，基本都需要在页面视图下进行操作。在页面视图下，文字、图形被编辑成何样，将来打印出来的结果就是何样，也就是说，通过此视图可以查看文档的打印效果。使用页面视图的步骤如下。

切换到【视图】选项卡，在【视图】组中单击【页面视图】按钮，即可切换到页面视图。

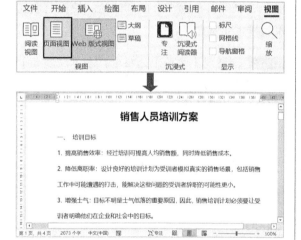

3. Web版式视图

Web版式视图是专门为浏览、编辑网页类型的文档而设计的，在此视图模式下，可以直接看到网页文档在浏览器中显示的效果。使用Web版式视图的步骤如下。

切换到【视图】选项卡，在【视图】组中单击【Web版式视图】按钮，即可切换到Web版式视图。

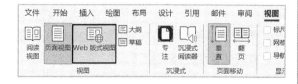

通过上图可以看到，在此视图下文档的段落会根据软件窗口的大小而自动调整。

对多数用户来说，使用此视图模式的频率是比较小的。不过，偶尔碰到文档中存在超宽的表格或图形对象，又不方便调整的时候，可以考虑切换到此视图模式进行操作。

4. 大纲视图

大纲视图主要用于文档结构的设置和内容的浏览，使用大纲视图可以迅速了解文档的结构和内容梗概。

在大纲视图模式下可以方便地查看、调整文档的层次结构，设置标题的大纲级别，成区块地移动文本段落。在此视图模式下可以轻松地对超长文档进行结构层面上的调整，而不会误删文字。使用大纲视图的步骤如下。

切换到【视图】选项卡，在【视图】组中单击【大纲】按钮，即可切换到大纲视图。

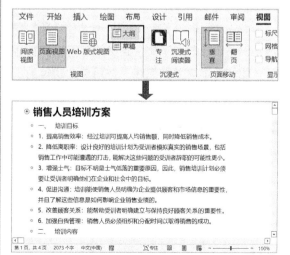

5. 草稿视图

草稿视图取消了页面边距、分栏、页眉页脚和图片等功能选项，仅显示标题和正文，是最节省计算机资源的视图模式。使用草稿视图的步骤如下。

切换到【视图】选项卡，在【视图】组中单击【草稿】按钮，即可切换到草稿视图。

6. 沉浸式视图

Word沉浸式视图通过排除页面干扰，让阅读者专心阅读。沉浸式视图包括专注和沉浸式阅读器两种功能，下面分别进行介绍。

○ 专注

专注功能取消了Word中所有功能选项的显示，仅显示标题和正文，且文档四周以深色显示，能使阅读者更加专注。使用专注功能的步骤如下。

切换到【视图】选项卡，在【沉浸式】组中单击【专注】按钮，即可切换到专注界面。

○ 沉浸式阅读器

沉浸式阅读器是一组工具，通过调整文本显示方式等，从而提升阅读体验。使用沉浸式阅读器的步骤如下。

切换到【视图】选项卡，在【沉浸式】组中单击【沉浸式阅读器】按钮，即可切换到沉浸式阅读器界面。

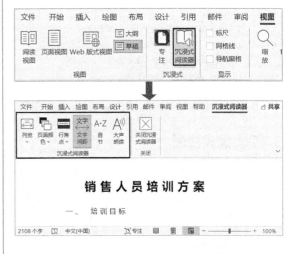

单击沉浸式阅读器中的各个按钮可实现的效果如下。

单击【列宽】按钮可以更改行的长度，便于阅读者集中注意力，从而加强对文档内容的理解。

单击【页面颜色】按钮可以使文本易于扫描，减轻阅读者眼睛的疲劳。

单击【行焦点】按钮可消除干扰，以便阅读者的视线可以一行行地在文档中移动。调整焦点以在视图中一次放入一行、三行或五行。

单击【文字间距】按钮可增加字词、字符和行之间的间距。

单击【音节】按钮可以显示音节划分，有助于改进字词识别。

单击【大声朗读】按钮可以自动朗读文档内容，并突出显示每个单词。用户可以自定义设置朗读速度并选择声音。

1.3.2 　审阅文档

公司人事部起草培训方案后，会提交给公司领导进行审核，为了让领导知晓这次提交的文档与之前提交的有何不同，可以在Word文档中用批注的形式进行说明。如果是多人参与修改文档，为了知道哪个人修改了哪些地方，可以使用修订模式编辑文档。

下面以"公司培训方案"为例介绍如何对文档进行审阅。

配套资源
第1章\公司培训方案01—原始文件
第1章\公司培训方案01—最终效果

请观看视频

1. 添加批注，让他人看到你的意见

为文档添加批注，可以更好地追踪文档的修改情况，能够知道是哪个人在什么时间修改的文档或提出了什么意见。为文档添加批注的具体操作步骤如下。

01 打开本实例的原始文件，选中要插入批注的文本。切换到【审阅】选项卡，在【批注】组中单击【新建批注】按钮。

02 在文档的右侧会出现一个批注框，用户可以根据需要输入批注信息。

03 如果要删除批注，可先选中批注框，再在【批注】组中单击【删除】按钮的下半部分，从弹出的下拉列表中选择【删除】选项（或者单击【删除】按钮的上半部分）。

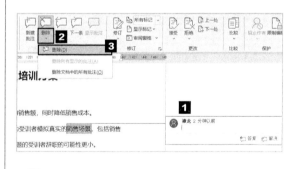

提示

单击【删除】按钮的下半部分，从弹出的下拉列表中选择【删除文档中的所有批注】选项，可以删除文档中的所有批注。

提示

　　在批注上单击鼠标右键，在弹出的快捷菜单中选择【删除批注】选项也可以删除批注。在该快捷菜单中，还有【答复批注】和【解决批注】选项，通过选择此二选项，用户可以在相关文字旁边答复和跟踪批注。

2. 修订文档，多人协作修改文档

　　开启修订功能后，系统会自动跟踪对文档所做的所有更改，包括插入、删除和格式更改等，并对更改的内容做出标记，且可以多人协作修改文档。修订文档的具体步骤如下。

　　01 切换到【审阅】选项卡，单击【修订】组中的【显示标记】按钮，从弹出的下拉列表中选择【批注框】选项，在其级联列表中选择【在批注框中显示修订】选项。

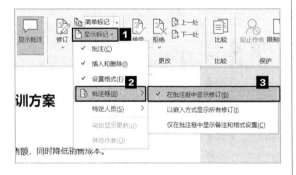

　　02 在【修订】组中单击【简单标记】按钮，从弹出的下拉列表中选择【所有标记】选项。

　　03 在Word文档中，切换到【审阅】选项卡，在【修订】组中单击【修订】按钮的上半部分，进入修订状态。

　　04 将文档标题"销售人员培训方案"的字号调整为"小一"，其右侧随即弹出一个批注框，其中显示格式修改的详细信息。

　　在第一位修订者对文档修改完毕后，其他修订者可以依次对文档进行修订，最后，修订好的文档回到人事部员工的手中。

　　05 当所有的修订完成以后，用户可以通过"导航窗格"功能通篇浏览所有的审阅摘要。切换到【审阅】选项卡，在【修订】组中单击【审阅窗格】按钮的右半部分，从弹出的下拉列表中选择【垂直审阅窗格】选项。

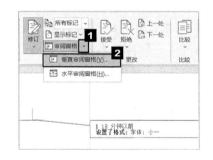

　　06 此时在文档的左侧会出现一个导航窗格，其中显示审阅记录。

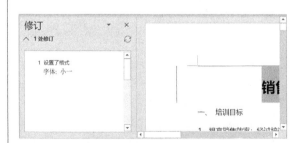

3. 接受或拒绝对文档的修改

对于培训方案中批注和修订的内容，用户可以在【更改】组中选择接受或者拒绝。接受或拒绝对文档的修改的具体步骤如下。

01 切换到【审阅】选项卡，在【更改】组中单击【上一处】按钮或【下一处】按钮，可以定位到当前修订的上一条或下一条内容。

02 如果接受该条修订意见，则单击【接受】按钮的下半部分→选择【接受此修订】选项（适合单条接受）或【接受并移到下一处】选项（适合逐条接受）；如果接受所有的修订意见，则单击【接受】按钮的下半部分→选择【接受所有修订】选项。

03 如果拒绝该条修订意见，则单击【拒绝】按钮的下半部分→选择【拒绝更改】选项（适合单条拒绝）或【拒绝并移到下一处】选项（适合逐条拒绝）；如果拒绝所有的修订意见，则单击【拒绝】按钮的下半部分→选择【拒绝所有修订】选项，效果如下图所示。

04 审阅完毕后，单击【修订】组中的【修订】按钮的上半部分，退出修订状态。

1.4 工作总结

常见的工作总结包括年终总结、半年总结和季度总结等。工作总结就是把一个时间段的工作进行一次全面系统的检查、评价、研究，归纳出好的经验并分析不足，然后提出下一阶段的改进措施。

1.4.1 保护文档

用户可以通过设置只读文档和加密文档等方法对文档进行保护，设置只读文档可以让文档只能看，不能改；设置加密文档就是为文档设置密码，以防止无操作权限的人员随意打开或修改文档。下面以"工作总结"为例进行介绍。

1. 让文档只能看，不能改

只读文档表示这个文档只能打开观看，不能修改。若文档为只读文档，则文档的标题栏中会显示【只读】字样。设置只读文档的具体步骤如下。

配套资源
第1章\工作总结—原始文件
第1章\工作总结—最终效果

请观看视频

01 打开本实例的原始文件，单击窗口左上角的【文件】按钮。

02 在弹出的界面中选择【信息】选项，在右侧界面中单击【保护文档】按钮→【始终以只读方式打开】选项。

03 再次启动该文档时，系统将弹出提示对话框，询问用户是否以只读方式打开，单击【是】按钮。

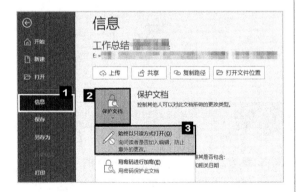

04 启动Word文档，此时该文档处于"只读"状态。

2. 为文档设置密码

为了保证文档的安全，用户通常会对重要的文档加密。设置加密文档的具体步骤如下。

配套资源
第1章\工作总结01—原始文件
第1章\工作总结01—最终效果

请观看视频

01 打开本实例的原始文件，单击窗口左上角的【文件】按钮。

02 在弹出的界面中选择【信息】选项，单击【保护文档】按钮→【用密码进行加密】选项。

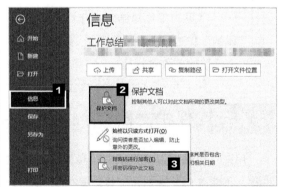

03 在弹出的【加密文档】对话框的【密码】文本框中输入"123456"，单击【确定】按钮。

04 在弹出的【确认密码】对话框的【重新输入密码】文本框中输入"123456"，单击【确定】按钮。

05 将文档保存后，再次打开该文档时，系统会弹出【密码】对话框。输入密码"123456"，单击【确定】按钮即可打开该加密文档。

提示

在实际工作中，使用数字与字母混合的密码，才更不易被破解。

1.4.2　打印和导出文档

工作总结完成后，为了方便阅读、查看和存档，需要将工作总结进行打印或导出为PDF文件。下面具体介绍在打印和导出PDF文件的过程中需要注意哪些问题。

配套资源
第1章\工作总结02—原始文件
第1章\工作总结02—最终效果

请观看视频

1. 先预览，后打印

在打印文档前，为了不浪费纸张，需要对文档进行打印预览，没有问题后再进行打印。为了方便预览文档，可以将【打印预览和打印】按钮添加到快速访问工具栏中，具体的操作步骤如下。

01 打开本实例的原始文件，单击【自定义快速访问工具栏】按钮，从弹出的下拉列表中选择【打印预览和打印】选项。

02 此时【打印预览和打印】按钮就被添加到了快速访问工具栏中。

03 单击快速访问工具栏中的【打印预览和打印】按钮，弹出【打印】界面，其右侧显示了预览效果。

04 读者可以根据需要选择相应选项并进行设置，如果对预览效果满意，就可以单击【打印】按钮进行打印了。

2. 导出为PDF文件，保证文档不失真

在编辑Word文档的过程中，常常会遇到使用了某些特殊字体，插入了一些不规则的图表，或者采用了复杂的段落排版等情况。这些操作轻则导致文档失真、影响阅读，重则可能导致文档内容丢失，甚至文档报错等。将Word文档保存为PDF格式的文件可以避免出现这些问题。

01 打开本实例的原始文件，单击【文件】按钮。

02 从弹出的界面中选择【另存为】选项，弹出【另存为】界面，单击【浏览】按钮。

03 在弹出的【另存为】对话框中，选择要保存的位置，并输入文件名，【保存类型】选择【PDF(*.pdf)】，单击【保存】按钮，就可以将Word文档保存为PDF文件。

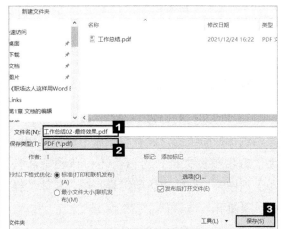

问题解答

输入文字时，光标右侧的文字没有了，怎么办

在一段文字中插入内容时，如果输入文字后光标右侧的字没有了，这是怎么回事？这是误将输入方式改为【改写】了，如下图所示。

在Word中输入文本有两种方式：插入和改写。

插入：在光标所在位置插入新字符，光标右侧的内容顺序后移。

改写：用新输入的字符替换光标右侧的字符。

如何将输入方式改成插入？方法1：按【Insert】键进行切换。方法2：单击状态栏中的【改写】或【插入】进行切换。

这里使用方法1，按【Insert】键进行切换，将文本输入方式改为"插入"，如下图所示。

编号（项目符号）与文字之间的空隙太大，怎么办

在编辑文档的过程中，发现编号（项目符号）与文字之间的空隙太大，如下图所示，该怎么办？

调整列表缩进就可以解决这个问题。

01 选择该组编号和文字，单击鼠标右键，在弹出的快捷菜单中选择【调整列表缩进】选项。

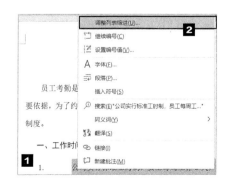

02 在弹出的【定义新多级列表】对话框中，将【位置】选项组中【文本缩进位置】微调框的数值设置为0厘米，单击【确定】按钮。

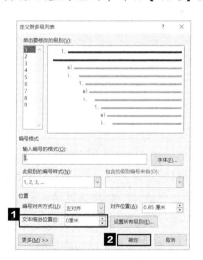

效果如下图所示。

如何将阿拉伯数字转换为人民币大写格式

如果需要将阿拉伯数字转换为人民币大写格式，可以在Word中快速完成，具体步骤如下。

01 打开Word文档，输入"58913"并将其选中，切换到【插入】选项卡，在【符号】组中单击【编号】按钮。

02 在弹出的【编号】对话框的【编号类型】列表框中选择【壹，贰，叁…】选项，单击【确定】按钮。

03 返回Word文档，可以看到设置后的效果如下图所示。

伍萬捌仟玖佰壹拾叁

如何取消按【Enter】键后自动产生的编号

在编辑Word文档时，经常会遇到在段落开始处输入序数如"1." "1、" "一、"等字符后，再输入一段文字，然后按【Enter】键，Word就会自动产生下一个编号的情况，如下图所示。

3. 上下班实行指纹机签到，由综合管理部负责每月考勤收集汇总，报总经理审核签字，交财务部核算工资。

4. 对因特殊情况无法按时签到者须经各部门部长同意并通知综合管理部。

5.

这种设计符合人性化的理念，但有些用户却不需要这个功能。如果想取消自动编号，可使用如下3种方法。

方法1：当文档产生自动编号后，再按一次【Enter】键。

方法2：当文档产生自动编号后，按【Ctrl】+【Z】组合键。

方法3：当文档产生自动编号后，若出现智能标记，单击该智能标记，在弹出的菜单中选择【撤消自动编号】选项。

使用方法1取消自动编号后的效果如下图所示。

3. 上下班实行指纹机签到，由综合管理部负责每月考勤收集汇总，报总经理审核签字，交财务部核算工资。

4. 对因特殊情况无法按时签到者须经各部门部长同意并通知综合管理部。

第2章

表格与图形的使用

本章主要讲解Word文档中表格与图形的使用，主要包括"求职简历"模板的下载，在"求职简历"中编辑表格、插入图标、为照片添加圆形框等，在"公司简介"文档中修改图片、修改形状等。学好这些进阶内容，读者可以灵活运用Word的功能，从而提升职场竞争力。

学习导图

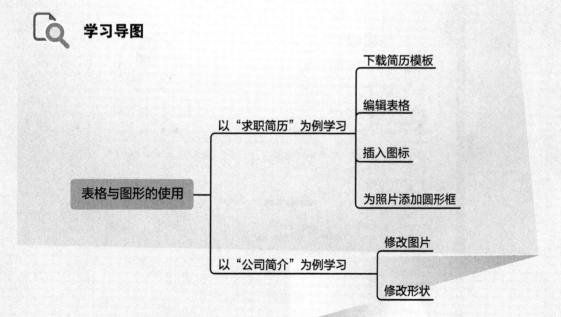

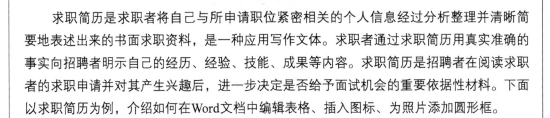

2.1 求职简历

　　求职简历是求职者将自己与所申请职位紧密相关的个人信息经过分析整理并清晰简要地表述出来的书面求职资料，是一种应用写作文体。求职者通过求职简历用真实准确的事实向招聘者明示自己的经历、经验、技能、成果等内容。求职简历是招聘者在阅读求职者的求职申请并对其产生兴趣后，进一步决定是否给予面试机会的重要依据性材料。下面以求职简历为例，介绍如何在Word文档中编辑表格、插入图标、为照片添加圆形框。

2.1.1　下载简历模板

　　制作简历最便捷的方式是下载简历模板后进行修改，下图所示就是对某简历模板进行简单修改之后的效果（简历中的信息均为虚拟，只作示例使用）。

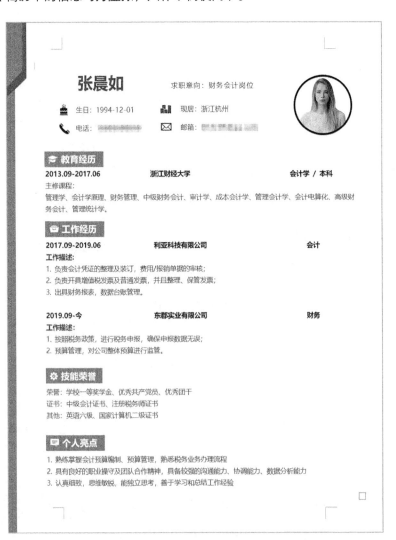

很多网站都可以下载优秀的简历模板，下面推荐4个可以下载简历模板的网站。

1. 超级简历

"超级简历"是在线专业简历模板下载网站，下图所示是使用搜索引擎搜索该网站并扫码注册后的页面。

2. Canva可画

"Canva可画"网站的简历模板支持在线编辑，其设计排版风格多样，可满足用户的多种需求，且支持免费下载。

3. OfficePLUS

OfficePLUS是微软官方的模板下载网站，其中包括Word模板、PPT模板和Excel模板，这些模板可免费下载，但目前不支持在线编辑。

4. 创客贴

"创客贴"是平面设计素材及模板网站，它提供的所有模板均支持在线编辑。其中，简历模板分为完全免费和VIP免费两种。

2.1.2 编辑表格

在简历中使用表格可以使简历的排版更加容易和整齐。下面以2.1.1小节中的简历模板为例，介绍如何对表格进行编辑。

1. 选中"隐藏"的表格

2.1.1小节中的简历模板使用了表格并且将表格隐藏了，那么如何知道模板是否使用了表格呢？

先将光标定位到简历区域中，选项卡栏中会出现【表设计】和【布局】选项卡，此外模板右下方还有一个小方框按钮，如下图所示，这就说明模板使用了表格。

选中"隐藏"的表格的具体操作如下。

将鼠标指针移动到模板右下角的小方框上，当指针变成双箭头形状时，单击即可选中隐藏的表格。

2. 修改表格行数

要想修改表格行数，最好先为表格加上边框，这样方便修改。修改结束后，再对表格进行隐藏即可。具体步骤如下。

01 切换到【表设计】选项卡，在【边框】组中单击【边框】按钮的下半部分，从弹出的下拉列表中选择【所有框线】选项。

02 隐藏的表格被加上框线，可以发现有多余的两行。

03 选中多余的两行，单击鼠标右键，在弹出的快捷菜单中选择【删除行】选项，多余的行被删除。

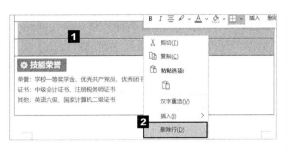

3. 调整列宽

修改好表格行数后，观察到表格的列太窄，有些文字无法正常显示在同一行中，分两行显示了，如下图所示。

这时，需要对表格的列宽进行调整，具体步骤如下。

01 选中除第一行以外的表格区域（因其他行都是一列，第一行是两列，故后面需对其单独进行列宽调整），切换到【布局】选项卡，在【单元格大小】组中将【宽度】微调框中的数值由16.65厘米调整为17.65厘米。

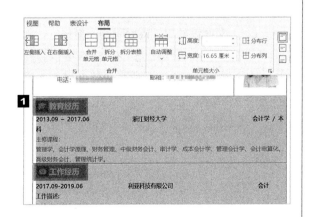

02 选中第一行左侧的区域，切换到【布局】选项卡，在【单元格大小】组中将【宽度】微调框中的数据由13.2厘米调整为14.2厘米。

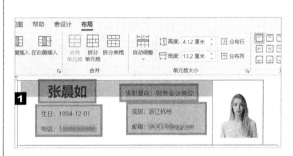

03 表格的列宽调整后的效果如下图所示。

4. 让表格不变形

调整好表格的行数和列宽之后，在后期的文档编辑中可能会因文字太多或者图片太大而导致表格被"撑"变形，影响美观，此时就需要对表格进行调整。

（1）图片太大时，调整表格不变形。

在表格里插入图片时，如果图片比较大，将其插入后表格就会变形，影响其他单元格内容的显示，如下图所示。

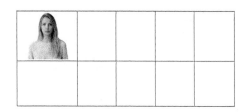

配套资源
第2章\图片表格文档—原始文件
第2章\图片表格文档—最终效果

请观看视频

这时，如何对表格进行设置呢，具体步骤如下。

01 选中整个表格，单击鼠标右键，在弹出的快捷菜单中选择【表格属性】选项。

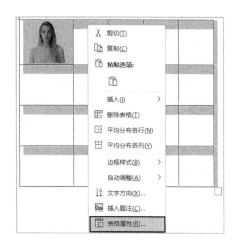

02 在弹出的【表格属性】对话框中，切换到【表格】选项卡，单击【选项】按钮。

03 弹出【表格选项】对话框，在【选项】组中取消勾选【自动重调尺寸以适应内容】复选框，单击【确定】按钮。

04 返回【表格属性】对话框，单击【确定】按钮。表格调整后的效果如下图所示。

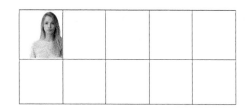

05 单击图片，拖动其四周的控制点，调整图片的大小，使之适合表格的尺寸，最终效果如下图所示。

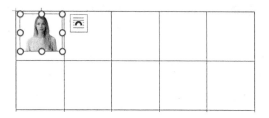

（2）文字过多时，调整表格不变形。

不只是图片，文字过多的时候表格也会自动向下增大行高来显示，从而导致表格格式发生变化，如下图所示。

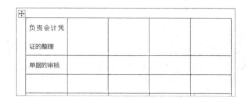

那么想要文字内容不影响表格的大小，该如何对表格进行设置呢？具体步骤如下。

	配套资源
	第2章\文字表格文档—原始文件
	第2章\文字表格文档—最终效果

01 选中整个表格，单击鼠标右键，在弹出的快捷菜单中选择【表格属性】选项。

02 在弹出的【表格属性】对话框中，切换到【单元格】选项卡，单击【选项】按钮。

03 弹出【单元格选项】对话框，在【选项】选项组中勾选【自动换行】复选框和【适应文字】复选框，单击【确定】按钮。

04 返回【表格属性】对话框，单击【确定】按钮。

05 表格调整后的效果如下图所示，这时单元格内的文字会自动缩小，而不会影响表格的行高。

2.1.3　插入图标

在简历的表格中插入图标，可以提高简历的专业度，增加美观性。Word提供了不同类型的图标，如通信、商业、艺术等，可供用户选择。

本小节尝试在下图所示简历中的"生日""电话""现居""邮箱"文本前添加图标，使简历变得更专业。为了方便图标的移动，先添加文本框，将图标插入文本框中。

01 打开本实例的原始文件，将光标定位到简历的任意位置，切换到【插入】选项卡，单击【文本】组中的【文本框】按钮，在其级联列表中选择【简单文本框】选项。

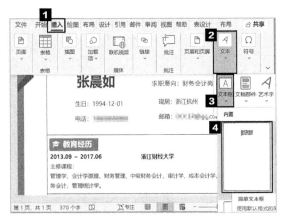

02 将文本框插入简历中。

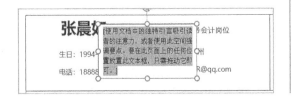

03 不做其他操作，切换到【插入】选项卡，单击【插图】组中的【图标】按钮。

04 在搜索框中输入"生日"，搜索出两个与生日相关的图标，双击图标即可将其插入文本框中。

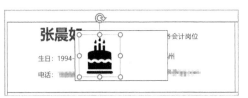

05 选中文本框，切换到【形状格式】选项卡，在【形状样式】组中单击【形状轮廓】按钮的右半部分，在弹出的下拉列表中选择【无轮廓】选项。

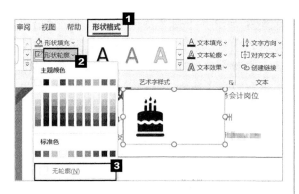

06 选中文本框，切换到【形状格式】选项卡，在【形状样式】组中单击【形状填充】按钮的右半部分，在弹出的下拉列表中选择【无填充】选项。

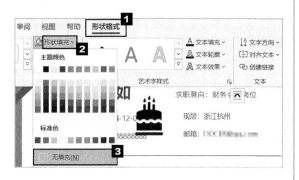

07 将鼠标指针置于图标上，切换到【图形格式】选项卡，在【大小】组中将【高度】和【宽度】微调框的数值都设置为0.7厘米。

08 将鼠标指针移动到文本框四周的控制点上，调整文本框的大小，并将其移动到"生日"文本前。

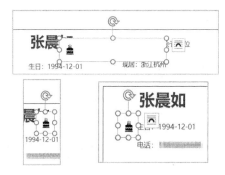

09 按照上述方法依次在"电话""现居""邮箱"文本前插入图标，其中"现居"文本前的图标搜索关键词为"城市"，"邮箱"文本前的图标搜索关键词为"信封"，最终效果如下图所示。

2.1.4 为照片添加圆形框

在Word文档中插入方形图片会给人呆板的感觉。对于这种情况，可以使用Word的裁剪功能将图片裁剪成其他形状，如椭圆，再为其添加圆形框，具体步骤如下。

01 打开本实例的原始文件，选中图片，切换到【图片格式】选项卡，在【大小】组中单击【裁剪】按钮的下半部分，在弹出的下拉列表中选择【裁剪为形状】→【基本形状】→【椭圆】选项。

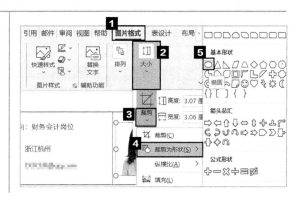

02 设置后的效果如下图所示。

03 切换到【图片格式】选项卡，在【图片样式】组中单击【图片边框】按钮的右半部分，在弹出的下拉列表中选择【粗细】→【3磅】选项。

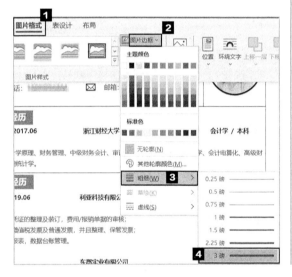

04 切换到【图片格式】选项卡，在【图片样式】组中单击【图片边框】按钮的右半部分，在弹出的下拉列表中选择【浅灰色，背景2，深色75%】选项。

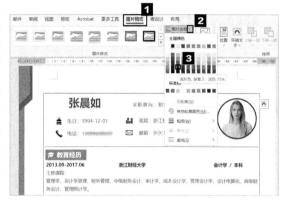

05 设置好圆形框后的效果如下图所示。

2.2 公司简介

公司简介用作向社会公众介绍企业基本情况和经营战略，制作公司简介比较快的方法是先下载相关模板然后进行修改，下载公司简介模板的方法与下载简历模板的方法一样。下页图所示为从网上下载的公司简介模板。

拿到一份公司简介模板，除了修改其中的文字内容（此处不展示步骤），修改其中的图片和形状也是必须要做的工作。

2.2.1 插入并修改图片

修改图片主要分为插入电脑中的图片、插入网络中的图片和设置图片格式3项主要操作。下面分别介绍具体的操作步骤。

1. 插入电脑中的图片

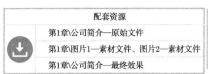

配套资源
第1章\公司简介—原始文件
第1章\图片1—素材文件、图片2—素材文件
第1章\公司简介—最终效果

请观看视频

01 打开本实例的原始文件，切换到【插入】选项卡，单击【插图】组中的【图片】按钮，在弹出的下拉列表中选择【此设备】选项。

02 弹出【插入图片】对话框，在电脑中找到需要插入的图片，本实例中只要找到素材文件中的"图片1—素材文件"和"图片2—素材文件"即可，将二者同时选中，单击【插入】按钮。

03 插入图片后，可以看到图片默认位于文档的最上方。

提示

在文档中插入图片后，图片默认的布局方式为嵌入型，即将图片插入文字中间，其位置的移动与文字的移动方式相同，例如通过按【Enter】键的方式来换行，非常不便。因此，在Word文档中进行图文混排时，可以将文本放在文本框中，将图片的布局方式设置为浮于文字上方，这样文本和图片都可以随意移动。

04 选中一张刚插入的图片，在其右上角会出现【布局选项】按钮，单击该按钮，在弹出的列表中选择【浮于文字上方】选项。此时再选中该图片，在文档中即可随意移动其位置了，且不会影响其他对象的布局。

05 选中插入的第2张图片，将其布局方式同样设置为【浮于文字上方】，这样两张图片都可以随意移动了。

2. 插入网络中的图片

除了添加电脑中的图片，有时也会根据需要插入一些网络中的图片，这时可以使用必应图像搜索功能来实现。例如需要插入一张精美的咖啡图片，以显示公司良好的工作氛围。具体的操作步骤如下。

01 打开本实例的原始文件，切换到【插入】选项卡，单击【插图】组中的【图片】按钮，在弹出的下拉列表中选择【联机图片】选项。

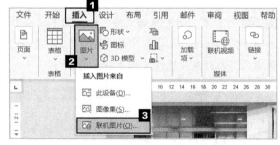

02 弹出【联机图片】对话框，用户可以在搜索框中输入关键字搜索，也可以直接从下

方提供的图片类别中选择,这里我们直接选择【咖啡】类别。

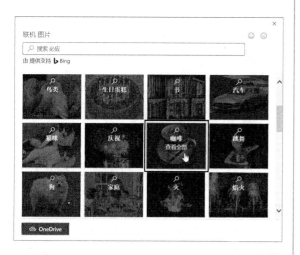

03 从搜索到的图片中选择一张合适的图片,单击【插入】按钮。

04 选中插入的咖啡图片,将其布局方式设置为【浮于文字上方】。

05 设置完成后图片会默认置于最上层,选中图片,将鼠标指针移至图片四周的小圆圈上并拖动可以调整图片大小,并随意移动位置。

3. 设置图片

插入图片之后,可以调整图片的尺寸,下面选取其中一张图片为例进行设置,具体步骤如下。

配套资源
第1章\公司简介02——原始文件
第1章\公司简介02——最终效果

请观看视频

01 打开本实例的原始文件,选中模板中自带的一张图片,切换到【图片格式】选项卡,在【大小】组中可以看到该图片的高度和宽度分别是3.4厘米和5.29厘米。

02 调整图片大小。选中咖啡图片，单击【大小】组右下角的对话框启动器按钮 ⬛ 。

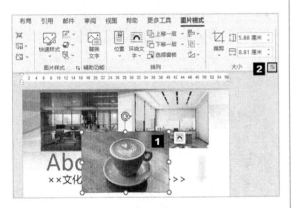

03 弹出【布局】对话框，默认切换到【大小】选项卡，在【宽度】的【绝对值】微调框中输入【5.29厘米】，由于系统默认勾选【锁定纵横比】复选框，因此高度会自动调整，单击【确定】按钮即可。

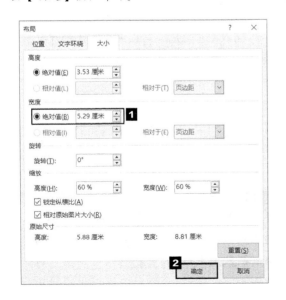

04 将咖啡图片置于文档的最顶层，便于操作。在咖啡图片上单击鼠标右键，在弹出的快捷菜单中选择【置于顶层】选项。

05 裁剪图片。选中咖啡图片并移动，使其与模板中的图片顶端对齐，然后切换到【图片格式】选项卡，在【大小】组中单击【裁剪】按钮的下半部分，从下拉列表中选择【裁剪】选项（或者单击【裁剪】按钮的上半部分），此时图片四周出现裁剪框，将鼠标指针移至裁剪框上，按住鼠标左键向上拖曳即可调整高度，使其与模板中的图片高度相同，最后单击空白处即可完成裁剪。

06 将图片裁剪为形状。选中咖啡图片，切换到【图片格式】选项卡，在【大小】组中单击【裁剪】按钮的下半部分，从下拉列表中选择【裁剪为形状】→【矩形：圆角】。

07 按照相同的方法，设置其余两张图片的格式。删除模板中原有的图片，将新设置好的图片移至适当的位置，效果如右图所示。

2.2.2 修改形状

如果发现文档中的形状不合适，可以进行修改。如左下图所示。该形状是箭头，将其修改为星形会更美观，下面就对该形状进行修改和设置。

1. 修改为新形状

先插入新形状，再进行替换，具体操作步骤如下。

配套资源
第1章\公司简介03—原始文件
第1章\公司简介03—最终效果
请观看视频

01 将光标定位在文档中的任意位置，切换到【插入】选项卡，单击【插图】组中的【形状】按钮。

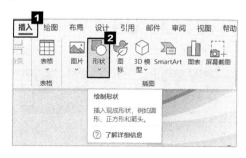

02 在弹出的下拉列表中选择【星形：四角】选项。

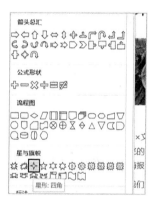

03 插入星形后的效果如下图所示。

04 删除箭头，调整星形的位置。

05 将四角星形复制粘贴到页面右上方,整个页面中就有两个四角星形。

2. 设置形状

插入新形状后,发现其颜色和大小与页面的整体风格不搭,需要对其进行设置,具体步骤如下。

配套资源
第1章\公司简介04—原始文件
第1章\公司简介04—最终效果

请观看视频

01 选中页面右上方的四角星形,切换到【形状格式】选项卡,在【大小】组中将高度和宽度的数值都设置为1.54厘米,将四角星形缩小。

02 选中两个四角星形,切换到【形状格式】选项卡,在【形状样式】组中单击【形状轮廓】按钮的右半部分,在弹出的下拉列表中选择【无轮廓】选项。

03 选中大四角星形,切换到【形状格式】选项卡,在【形状样式】组中单击【形状填充】按钮的右半部分,在弹出的下拉列表中选择【蓝色,个性色1,淡色80%】选项。

04 选中小四角星形,切换到【形状格式】选项卡,在【形状样式】组中单击【形状填充】按钮的右半部分,在弹出的下拉列表中选择【蓝色,个性色1,淡色40%】选项。

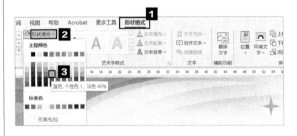

05 设置好形状的最终效果如下图所示。

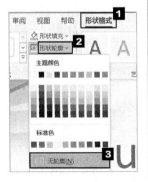

问题解答

跨页长表格如何设置自动添加表头

有时在Word文档中编辑的表格比较长，一页放不下，需要跨页显示，但通常只有第一页的表格有表头，第二页及后面页的表格缺少表头，如左下图所示。

序号	申请人	需求部门	名称	数量	需求时间
001	严雅瑄	财务部	印泥	2	2022-10-12
002	卫玉兰	财务部	印油	2	2022-10-12
003	吕采绿	财务部	告示贴	5	2022-10-12

021	安杰	生产部	记号笔	2	2022-10-12
022	邹紫霜	生产部	笔记本	2	2022-10-12

如何给后面页的表格也添加表头？这就需要设置跨页表格的自动添加表头属性，具体步骤如下。

01 选中表头，单击鼠标右键，在弹出的快捷菜单中选择【表格属性】选项。

序号	申请人	需求部门	名称	数量
001	严雅瑄	财务部	印泥	2
002	卫玉兰	财务部	印油	2
003	吕采绿	财务部	告示贴	5
004	谷颜	财务部	笔记本	5
005	周溶艳	财务部	大头针	6
006	孙石室	销售部	订书针	6
007	王婷	销售部	回形针	6

右键菜单：
剪切(I)
复制(C)
粘贴选项：
汉字重选(V)
插入(I)
删除单元格(D)…
合并单元格(M)
边框样式(B)
文字方向(X)…
表格属性(R)…

02 在弹出的【表格属性】对话框中切换到【行】选项卡，勾选【在各页顶端以标题行形式重复出现】复选框，单击【确定】按钮。

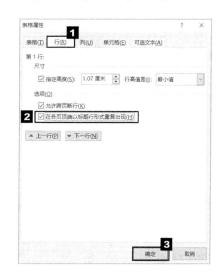

03 这样后面页的表格也都会添加上表头了，如下图所示。

序号	申请人	需求部门	名称	数量	需求时间
019	王瑞进	生产部	中性笔	1	2022-10-12
020	姜林	生产部	白板笔	2	2022-10-12
021	安杰	生产部	记号笔	2	2022-10-12

序号	申请人	需求部门	名称	数量	需求时间
022	邹紫霜	生产部	笔记本	2	2022-10-12
023	郑之山	生产部	标签纸	3	2022-10-12

如何快速提取Word文档中的所有图片

工作中有时会遇到需要从Word文档中提取其包含的所有图片的情况，例如打印文档中的所有图片。这时如果从Word文档中将图片一个个地复制粘贴出来，则费时又费力。那么怎样才能快速提取Word文档中的图片呢？操作方法如下。

（1）提取单张图片。

01 打开需要提取图片的Word文档，在图片上单击鼠标右键，在弹出的快捷菜单中选择【另存为图片】选项。

02 在弹出的【另存为图片】对话框中选择保存位置，在【文件名】文本框中输入名称"提取的图片1"，然后单击【保存】按钮。想要提取的图片就会被保存下来。

（2）提取所有图片。

在计算机中，修改了文件的扩展名，相应的文件格式就被修改了。通过修改文件的格式，可以快速提取文件中的所有图片。

例如，将Word文档"公司简介-原始文件.docx"更改为压缩文件"公司简介-原始文件.zip"，系统会提示"如果改变文件扩展名，

可能会导致文件不可用。"，单击【是】按钮，此时可以看到文件的扩展名由.docx变为了.zip。

双击压缩文件，然后双击打开"word"文件夹中的"media"文件夹，可以看到文档中的所有图片已经保存在"media"文件夹中。

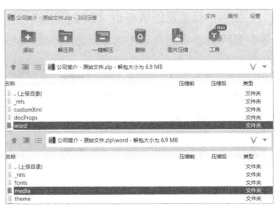

如何使用Word压缩图片

Word文档中插入的图片如果很大，整个Word文档就会很大，传递起来会很不方便，所以在插入图片时需要对图片进行压缩。操作方法如下。

01 打开Word文档，选中要压缩的图片，切换到【图片格式】选项卡，在【调整】组中单击【压缩图片】按钮。

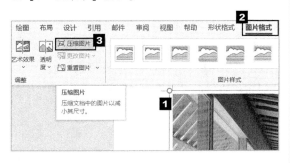

02 在弹出的【压缩图片】对话框中，默认勾选【仅应用于此图片】复选框和【删除图片

的剪裁区域】复选框，分辨率可以根据实际情况来选择，单击【确定】按钮，即可压缩图片。

如何制作带斜线的表头

在Word文档中插入的表格经常有制作带斜线表头的需求，快速制作带斜线的表头的操作方法如下。

01 选中需要制作斜线表头的单元格，切换到【表设计】选项卡，在【边框】组中单击【边框】按钮的下半部分，在弹出的下拉列表中选择【斜下框线】选项，插入斜线表头。

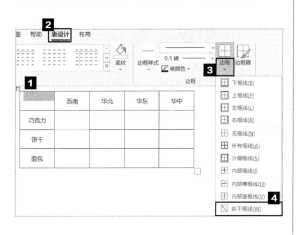

02 在单元格中输入表头内容，例如"地区产品"，在两部分内容"地区"和"产品"之间按【Enter】键分行。

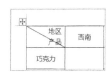

03 切换到【开始】选项卡，在【段落】组中分别设置"产品"为左对齐，"地区"为右对齐，完成斜线表头的制作。

第3章

Word 高级排版

本章主要讲解Word文档的高级排版，这是Word文档学习中较高阶的内容。本章主要介绍对"产品营销策划书"长文档进行排版、使用样式、插入并编辑目录、设置页眉和页脚，在"客户服务流程图"文档中设置纸张方向和标题、绘制SmartArt图形。读者学好这些高阶内容，可以大大提升职场竞争力。

学习导图

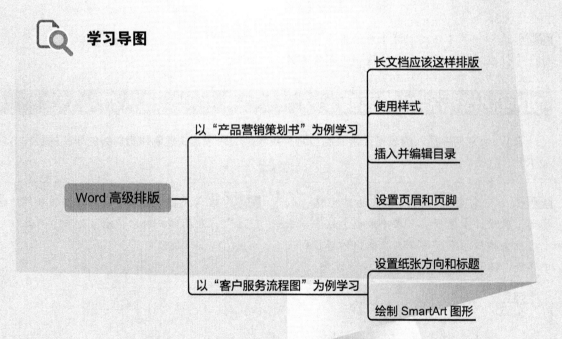

产品营销策划书

产品营销策划书是企业根据市场变化和企业自身情况，对企业的产品、资源及产品所指向的市场进行整体规划的计划性书面材料。下面介绍如何对产品营销策划书这类长文档进行排版、使用样式、插入并编辑目录、设置页眉和页脚。

3.1.1 长文档应该这样排版

在开始长文档的排版之前，首先需要明确科学的排版流程是怎样的。到底是先录入内容，再对内容进行排版，还是先设置格式，再录入内容。

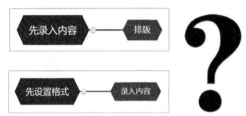

其实，大部分人的操作习惯都是先录入内容，把文档内容全部录入完成后，再对整个文档进行排版设置。当文档内容较少时，这种方法可行，但当文档内容很多时，后期的排版工作量就会很大，严重影响工作效率。

如果能先将文档的格式设置好，然后在设定好的格式下录入内容，后期的排版工作量就会较小，所用时间也会较少。

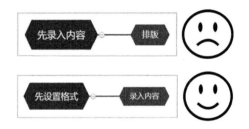

对于长文档，科学的排版流程：先设置文档的格式（包括设置页面、样式等），然后输入文档的内容，最后预览文档效果（根据需要来决定是否对文档进行打印）。

3.1.2 使用样式

样式是字体、字号和缩进等格式设置特性的组合，即一组已经命名的字符格式和段落格式的集合。

在编排一篇长文档时，如果只使用字体格式和段落格式功能，需要对很多文字和段落进行重复的排版工作，不仅浪费时间，而且文档格式很难保持一致。

而使用样式则能减少重复操作，快速排版出高质量的文档。例如，当要改变使用某个样式的所有文字的格式时，只需修改该样式即可。此外，使用样式还可以自动生成目录。

1. 为标题设置样式

为标题设置样式的具体步骤如下。

配套资源
第3章\产品营销策划书—原始文件
第3章\产品营销策划书—最终效果

请观看视频

01 打开本实例的原始文件，选中一级标题文本"产品营销策划书"，切换到【开始】选项卡，在【样式】组中选择【标题2】选项，为一级标题文本套用样式。

02 选中二级标题文本"一、市场分析"，在【样式】组中选择【标题4】选项，为二级标题文本套用样式。

03 其他二级标题文本按照上述方法套用样式即可，效果如下图所示。

五、推销准备工作
（1）提前两天到校，制定推销策略，给出具体步骤。
（2）协调组织成员，鼓舞士气。

六、宣传推销阶段
抓住老乡会的时机，帮新生了解大学生活及英语学习，为新生解答困惑，同时对英语的重要性和学习方法进行讲解。

七、推销技巧
重在抓住推销对象的心理。

2. 修改样式

当Word文档中的现有样式不能满足需求时，用户可以在Word文档中对现有样式进行修改。修改样式的具体步骤如下。

配套资源
第3章\产品营销策划书01—原始文件
第3章\产品营销策划书01—最终效果
请观看视频

01 打开本实例的原始文件，切换到【开始】选项卡，单击【样式】组右下角的对话框启动器按钮。

02 弹出【样式】任务窗格。将光标定位到正文文本中，在【样式】任务窗格的列表框中选择【正文】选项，单击鼠标右键，从弹出的快捷菜单中选择【修改】选项。

03 在弹出的【修改样式】对话框中可以预览正文的样式，单击【格式】按钮，从弹出的下拉列表中选择【字体】选项。

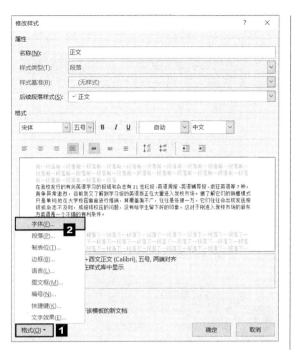

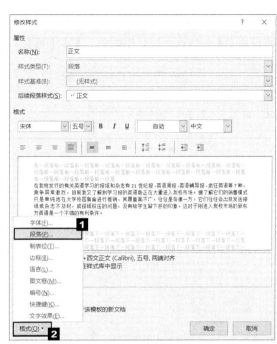

04 弹出【字体】对话框，并自动切换到【字体】选项卡。在【中文字体】下拉列表中选择【华文中宋】选项，其他设置保持不变，单击【确定】按钮。

06 在弹出的【段落】对话框中切换到【缩进和间距】选项卡，在【特殊】下拉列表中选择【首行】选项，【缩进值】微调框中的值自动变为"2字符"，单击【确定】按钮。

05 返回【修改样式】对话框，单击【格式】按钮，从弹出的下拉列表中选择【段落】选项。

07 返回【修改样式】对话框，修改完成后的所有样式都显示在该对话框中，单击【确定】按钮。

08 返回Word文档，此时文档中应用正文样式的文本（及基于正文样式的样式）都自动应用了新的正文样式。

09 将鼠标指针移动到【样式】任务窗格列表框中的【正文】选项上，此时可以查看正文的样式。使用同样的方法修改其他样式即可。

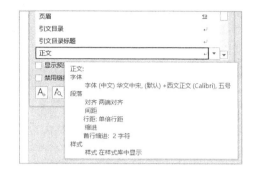

3. 刷新样式

文档样式设置完成后，就可以刷新样式了。刷新样式的具体操作步骤如下。

配套资源
第3章\产品营销策划书02—原始文件
第3章\产品营销策划书02—最终效果

请观看视频

（1）使用鼠标。

使用鼠标可以在【样式】任务窗格中快速刷新样式。

01 打开本实例的原始文件，打开【样式】任务窗格，单击其左下方的【选项】按钮。

02 在弹出的【样式窗格选项】的【选择要显示的样式】下拉列表中选择【当前文档中的样式】选项，单击【确定】按钮。

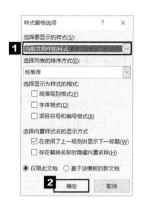

（2）使用格式刷。

除了使用鼠标刷新样式外，用户还可以复制一个文本样式，通过格式刷将其应用到另一个文本。

01 在Word文档中，选中已经应用"标题4"样式的二级标题文本，切换到【开始】选项卡，单击【剪贴板】组中的【格式刷】按钮，此时【格式刷】按钮呈灰色底纹显示，说明已经复制了选中文本的样式。将鼠标指针移动到文档的编辑区域，此时鼠标指针变成小刷子形状。

03 返回【样式】任务窗格，此时【样式】任务窗格的列表框中只显示当前文档中用到的样式，以便于用户刷新格式。

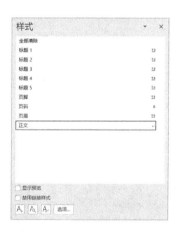

02 滚动鼠标滚轮或拖曳文档中的垂直滚动条，将鼠标指针移动到要刷新样式的文本段落上，单击，该文本段落就自动应用格式刷复制的"标题4"样式。

04 按住【Ctrl】键，同时选中所有要刷新的二级标题的文本，在【样式】组中选择【标题4】选项，此时所有选中的二级标题的文本都将应用该样式。

> 一、市场分析
>
> 　　在我校发行的有关英语学习的报纸和杂志有 21 世纪报、英语周报、英语辅导报、疯狂英语等 7 种，竞争异常激烈，目前我又了解到学习报的英语版正在大量进入我校市场。据了解它们的销售模式只是单纯地在大学校园宿舍进行推销，其覆盖面不广，往往是各据一方。它们往往会出现发送报纸或杂志不及时，或报纸积压的问题，没有给学生留下好的印象。这对于刚进入我校市场的新东方英语是一个不错的有利条件。
>
> 二、推销对象分析
>
> 推销对象：西北工业大学××级本科新生

03 如果用户希望将多个文本段落刷新成同一样式，要先选中已经应用了"标题4"样式的二级标题文本，然后双击【剪贴板】组中的【格式刷】按钮。

04 此时【格式刷】按钮呈灰色底纹显示，说明已经复制了选中文本的样式，依次在想要刷新样式的文本段落中单击，文本段落就会自动应用格式刷复制的"标题4"样式。

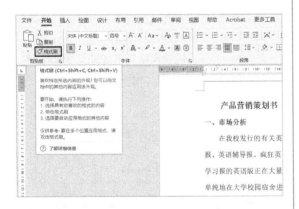

05 样式刷新完毕后，单击【剪贴板】组中的【格式刷】按钮，退出复制状态。使用同样的方式，用户可以刷新其他样式。

4. 使用导航窗格浏览标题、定位内容

在Word文档中，使用导航窗格可以方便地浏览标题、定位内容，具体步骤如下。

配套资源
第3章\产品营销策划书03—原始文件
第3章\产品营销策划书03—最终效果
请观看视频

01 打开本实例的原始文件，切换到【视图】选项卡，在【显示】组中勾选【导航窗格】复选框。

02 文档左侧就会出现【导航】任务窗格，在其中可以看到文档的标题。

03 在【导航】任务窗格的搜索框内输入"宣传"关键词。

04 右侧文档中就会出现与该关键词对应的搜索结果。

3.1.3　插入并编辑目录

产品营销策划书创建完成后，为了便于阅读，可以为其添加一个目录。目录可以使文档的结构更加清晰，便于阅读者对文档的各个内容进行定位。

1. 自动生成目录

手动编写目录不仅费时费力，还容易出错，Word有一项非常好用的功能，它可以自动生成目录，省去手动编写目录的烦琐。

自动生成目录的前提：文档已根据标题设置好了大纲级别。大纲级别设置完毕后，在文档中插入目录即可。具体的操作步骤如下。

配套资源
第3章\产品营销策划书04—原始文件
第3章\产品营销策划书04—最终效果

请观看视频

（1）查看设置的大纲级别是否正确。

Word 是使用层次结构来组织文档的，大纲级别就是段落所处层次的级别编号。Word 提供的内置标题样式中的大纲级别都是默认设置的，因此用户可以直接生成目录。

本实例中使用了Word提供的内置标题样式，因此可以直接生成目录。查看标题样式的大纲级别的具体步骤如下。

01 打开本实例的原始文件，选中标题文本"产品营销策划书"，切换到【开始】选项卡，单击【样式】组右下角的对话框启动器按钮。

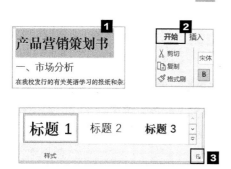

02 在弹出的【样式】任务窗格中，将鼠标指针移动到【标题1】选项上，此时可以查看一级标题的样式，其大纲级别为1级。

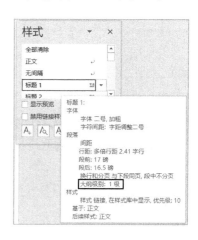

03 使用同样的方法可以查看二级标题的样式，其大纲级别为2级。

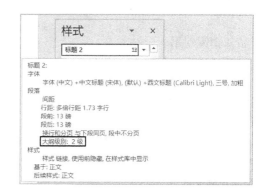

（2）生成目录。

生成目录的具体步骤如下。

01 打开本实例的原始文件，将光标定位到文档中第一行的行首，切换到【引用】选项卡，单击【目录】组中的【目录】按钮，从弹出下拉列表中选择【内置】组中的目录样式，例如选择【自动目录1】选项。

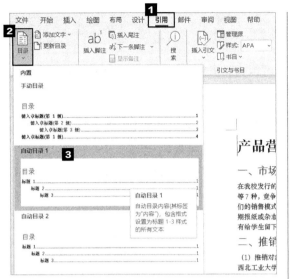

02 返回Word文档，即可在光标所在位置自动生成一个目录，效果如下图所示。

目录

产品营销策划书

一、市场分析

2. 修改内容后更新目录

在编辑或修改文档的过程中，如果文档内容或格式发生了变化，则需要更新目录。更新目录的具体步骤如下。

01 继续前面文档的操作，将文档中第一个二级标题改为"一、市场情况分析"，切换到【引用】选项卡，单击【目录】组中的【更新目录】按钮。

02 在弹出的【更新目录】对话框中，选中【更新整个目录】单选钮，单击【确定】按钮。

03 返回Word文档，效果如下图所示。

目录

产品营销策划书

一、市场情况分析

3.1.4 设置页眉和页脚

页眉和页脚常用于显示文档的附加信息，例如日期和时间、单位名称、公司Logo、页码、徽标等。为文档添加页眉和页脚不仅能使文档更美观，还能增强文档的可读性。

在为产品营销策划书设置完目录后，为了便于阅读，还可以为文档设置页眉和页脚，具体操作方法如下。

1. 插入页眉

　　页眉一般指电子文档中每个页面的顶部区域。页眉常用于显示文档的附加信息，例如时间、公司徽标、图形、文件名、文档标题或作者姓名等。当电子文档被打印后，这些信息会显示在每页打印纸张的顶部。插入页眉的操作步骤如下。

配套资源
第3章\产品营销策划书05—原始文件
第3章\产品营销策划书05—最终效果

请观看视频

01 打开本实例的原始文件，在第1页的页眉处双击，此时页眉处于可编辑状态，同时激活【页眉和页脚】选项卡。

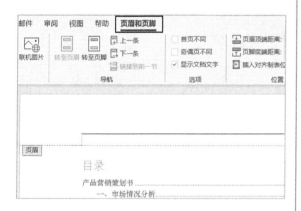

02 在页眉中输入文字（如"××公司"），切换到【开始】选项卡，设置字体为【仿宋】、字号为【五号】，单击【字体颜色】按钮的右半部分，在弹出的下拉列表中选择【蓝色，个性色5，深色25%】选项。

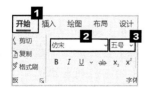

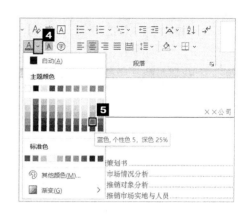

03 设置完毕后，切换到【页眉和页脚】选项卡，在【关闭】组中单击【关闭页眉和页脚】按钮，可以看到设置后的效果。

2. 插入页脚

　　产品营销策划书是一个多页文档，为了方便文档的浏览和打印，需要在文档各页的页脚处插入页码，具体操作如下。

配套资源
第3章\产品营销策划书06—原始文件
第3章\产品营销策划书06—最终效果

请观看视频

01 切换到【插入】选项卡，单击【页眉和页脚】组中的【页码】按钮，从弹出的下拉列表中选择【设置页码格式】选项。

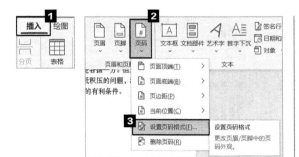

02 在弹出的【页码格式】对话框的【编号格式】下拉列表中选择【-1-,-2-,-3-,...】选项，单击【确定】按钮。

03 切换到【插入】选项卡，单击【页眉和页脚】组中的【页码】按钮，从弹出的下拉列表中选择【页面底端】→【普通数字2】选项。

04 这样页脚就设置好了，效果如下图所示。

05 切换到【页眉和页脚】选项卡，在【关闭】组中单击【关闭页眉和页脚】按钮，可以看到设置后的效果。

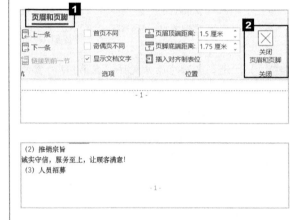

3. 让正文、目录分别从1开始编码

分节符是用于分节的一种符号。对文档分节后，可以针对不同的节进行不同的页面设置和页眉页脚设置等。这里，我们想让文档正文与目录分别从"1"开始编排页码，使用分节符最合适，具体操作步骤如下。

配套资源
第3章\产品营销策划书07—原始文件
第3章\产品营销策划书07—最终效果

请观看视频

01 将光标置于文档正文前，切换到【布局】选项卡，单击【页面设置】组中的【分隔符】按钮，在弹出的下拉列表中选择【分节符】→【下一页】选项。

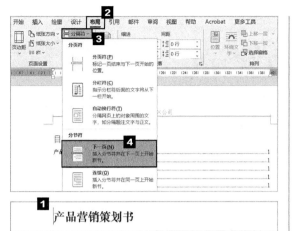

02 正文被分到下一页。

03 切换到【插入】选项卡，单击【页眉和页脚】组中的【页码】按钮，从弹出的下拉列表中选择【设置页码格式】选项。

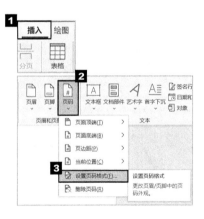

04 弹出【页码格式】对话框，在【编号格式】下拉列表中选择【-1-,-2-,-3-,...】选项，选中【起始页码】单选钮，单击【确定】按钮。

05 切换到【插入】选项卡，单击【页眉和页脚】组中的【页码】按钮，从弹出的下拉列表中选择【页面底端】→【普通数字2】选项。

06 这样正文、目录的页码便分别从1开始编码，如下图所示。

07 切换到【页眉和页脚】选项卡，在【关闭】组中单击【关闭页眉和页脚】按钮。

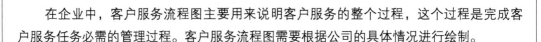
客户服务流程图

在企业中，客户服务流程图主要用来说明客户服务的整个过程，这个过程是完成客户服务任务必需的管理过程。客户服务流程图需要根据公司的具体情况进行绘制。

3.2.1 设置纸张方向和标题

在制作客户服务流程图之前，首先需要设置流程图的纸张方向和标题。

配套资源	
无	
第3章\客户服务流程图—最终效果	

请观看视频

1. 设置纸张方向

在制作客户服务流程图之前，首先要设置纸张的方向，具体的操作步骤如下。

01 新建一个Word文档，将其命名为"客户服务流程图"并保存到合适的位置。

02 打开文件，切换到【布局】选项卡，在【页面设置】组中单击【纸张方向】按钮，在弹出的下拉列表中选择【横向】选项，返回到文档中即可看到纸张变为横向。

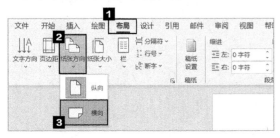

2. 插入标题

设置完纸张方向后即可插入标题，并设置其字体格式，具体步骤如下。

01 在Word文档中输入标题内容并将其选中，切换到【开始】选项卡，在【字体】组的【字体】下拉列表中选择【微软雅黑】选项，在【字号】下拉列表中选择【20】选项。

02 在【段落】组中单击【居中】按钮，让标题在页面中居中显示。

3.2.2 绘制 SmartArt 图形

绘制流程图的常规做法是添加形状与文字，但是这种方法步骤烦琐，涉及形状的对齐、分布及连接线的设置等，效率低下，耗时很长。而使用Word 2021自带的SmartArt图形来绘制客户服务流程图，效率更高，操作也更便捷。

1. 插入SmartArt图形

SmartArt图形对文本内容有强大的图形化表达能力，可以让文本内容层次突出、顺序和结构关系清晰。

插入SmartArt图形的操作步骤如下。

01 打开本实例的原始文件，将光标定位到要插入图形的位置，切换到【插入】选项卡，单击【插图】组中的【SmartArt】按钮。

02 在弹出的【选择SmartArt图形】对话框中，切换到【流程】选项卡，在右侧的列表框中选择【重复蛇形流程】选项，单击【确定】按钮。

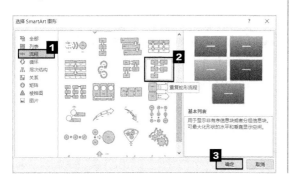

03 返回Word文档，就可以看到插入的SmartArt图形。

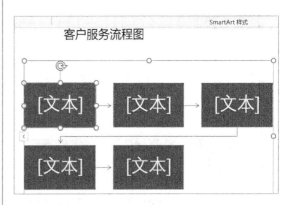

04 插入的SmartArt图形与要制作的客户服务流程图有差异，因此需对插入的图形进行删减与调整。选中多余或位置不合适的图形，按【Delete】键将其删除。

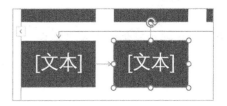

05 如果还需要添加形状，可以通过右键快捷菜单来实现。选中需要添加的形状，单击鼠标右键，在弹出的快捷菜单中选择【添加形状】→【在后面添加形状】选项。

06 使用同样的方法插入其他的形状，效果如下图所示。

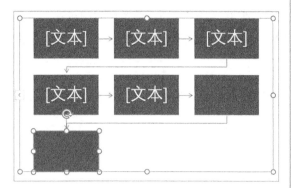

07 在流程图的形状上单击，即可在形状内输入文字内容。

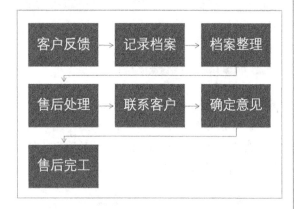

08 逐个地在形状中输入文字内容比较麻烦，可以单击流程图左侧的【展开】按钮，在弹出的【在此处键入文字】任务窗格中输入文字。

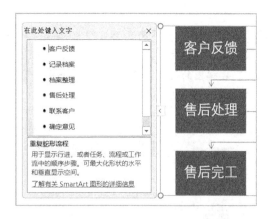

09 可以看到，SmartArt图形的四周有8个控制点，将鼠标指针放在控制点上，按住鼠标左键并拖曳鼠标可调整图形的大小。

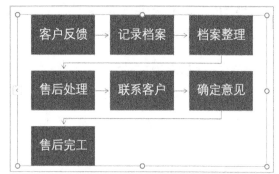

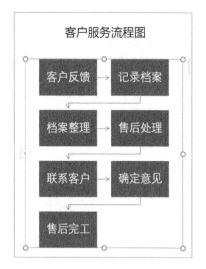

2. 美化SmartArt图形

如果用户对插入的默认SmartArt图形不满意，可以对其进行设置，具体步骤如下。

配套资源
第3章\客户服务流程图02—原始文件
第3章\客户服务流程图02—最终效果

请观看视频

01 打开本实例的原始文件，选中SmartArt图形，切换到【格式】选项卡，在【大小】组的【高度】微调框中输入"10厘米"。

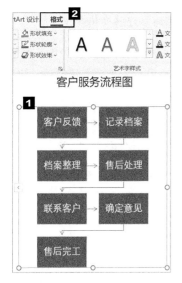

03 如果要为 SmartArt 图形添加颜色，可以在【SmartArt 样式】组中单击【更改颜色】按钮，从弹出的下拉列表中选择合适的颜色，如选择【深色 2 填充】选项。

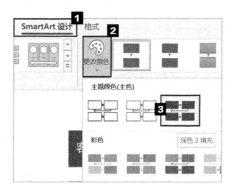

02 选中 SmartArt 图形，切换到【SmartArt 设计】选项卡，在【SmartArt 样式】组中选择【中等效果】选项。

04 设置完成，返回 Word 文档，可以看到设置后的效果。

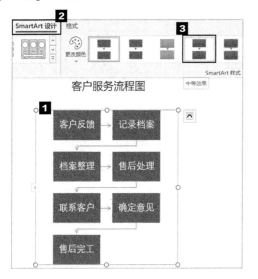

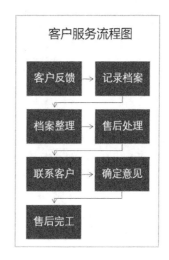

问题解答

如何批量修改文档错误

在一篇文档中，如果出现批量用语不准确的情况，如文中多处"英语"都写成了"英文"，逐个修改费时费力，使用 Word 的查找功能可以查询到错误的位置和数量，使用替换功能则能批量修改文档中的错误，具体步骤如下。

○ 使用查找功能查找目标

01 打开Word文档，切换到【开始】选项卡，在【编辑】组中单击【查找】按钮的右半部分，在弹出的下拉列表中选择【查找】选项。

02 文档左侧弹出【导航】任务窗格，在搜索框中输入"英文"，搜索框下方会出现搜索结果，文档正文中也会将搜索结果用黄色底纹标亮。

在我校发行的有关英文学习的报纸和杂志有 21 世纪报、英文周报、疯狂英文等 7 种，竞争异常激烈，目前我又了解到学习报的英文版正在大量进入我校市场。据了解它们的销售模式只是单纯

○ 使用替换功能批量替换错误

01 打开Word文档，切换到【开始】选项卡，在【编辑】组中单击【替换】按钮。

02 在弹出的【查找和替换】对话框的【查找内容】下拉列表框中输入"英文"，在【替换为】下拉列表框中输入"英语"，单击【全部替换】按钮。

03 系统弹出提示框，提示"全部完成。完成19处替换。"，单击【确定】按钮。

如何为文档添加作者信息

为文档添加作者信息的具体步骤如下。

01 打开Word文档，单击文档左上角的【文件】按钮。

02 在弹出的界面中选择【信息】选项，单击右侧的【属性】按钮，从弹出的下拉列表中选择【高级属性】选项。

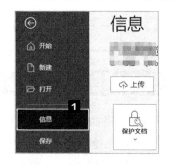

03 在弹出的【属性】对话框中，切换到【摘要】选项卡，修改【作者】文本框中的内

容，例如修改为"编辑大刘"，单击【确定】按钮。

04 作者信息添加成功，效果如下图所示。

如何为文档设置水印，保护文档版权

为Word文档设置水印的操作方法如下。

01 打开Word文档，切换到【设计】选项卡，单击【页面背景】组中的【水印】按钮，在弹出的下拉列表中选择【自定义水印】选项。

02 在弹出的【水印】对话框中，单击【文字水印】单选钮，将【文字】设置为【保密】，将【颜色】设置为【蓝色，个性色1】，单击【应用】按钮。效果如下图所示。

第2篇

Excel 数据处理与分析

本篇将结合工作中的实例，讲解 Excel 的主要功能及经典应用、Excel 中的数据处理方法，以及如何利用图表对数据进行分析。学完本篇后，读者可以制作出专业的人力资源管理、采购管理、销售管理、仓储管理、财务管理等方面的基础表单和统计分析报表。

- 第 4 章 Excel 表格制作与数据录入
- 第 5 章 Excel 中的数据处理
- 第 6 章 数据验证与多表合并
- 第 7 章 数据透视表，数据汇总很简单
- 第 8 章 公式与函数的应用
- 第 9 章 图表，让数据分析更直观

第4章

Excel 表格制作与数据录入

本章主要讲解Excel表格制作与数据录入，这是Excel表格学习中很基础但又特别重要的内容，主要包括新建表格、输入数据、设置表格等。学好这些基础内容，在操作Excel表格时才能游刃有余。

学习导图

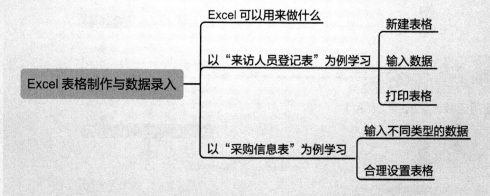

4.1 Excel可以用来做什么

工欲善其事，必先利其器。要想学好Excel，首先要清楚Excel能做什么，Excel中的工作表可以分为哪几类，其各自有什么特点。

4.1.1 Excel 到底能做什么

Excel是一个电子表格软件，它最重要的功能是存储数据，并对数据进行统计与分析，然后输出结果。

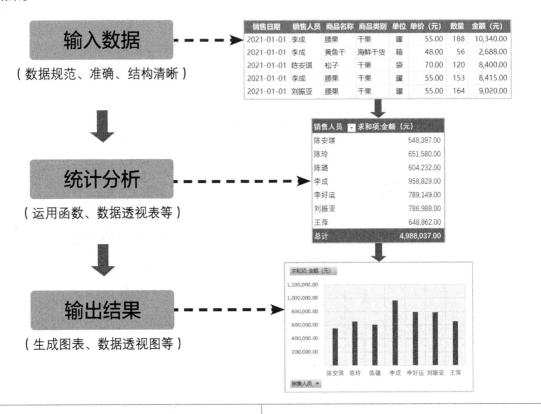

对于Excel的具体应用，可以从以下几个方面来认识。

1. 制作表单

建立或填写表单是日常工作、学习中经常会遇到的事情。手工制作表单不仅效率低，且格式单调，难以制作出美观、实用的表单。利用Excel提供的格式化命令，可以轻松制作出各类专业的表单。

2. 完成复杂的运算

在Excel中，用户不但可以自己编辑公式，还可以使用系统提供的大量函数进行复杂的运算。使用Excel强大的数据透视表功能，可以快速完成对数据的分类汇总操作。

3. 建立图表

Excel提供了多种类型的图表，用户只需几个简单的操作，就可以制作出精美的图表。在图表向导的一步步引导下，通过选择不同的选项，即可快速制作出需要的图表。

4. 数据管理

对公司来说，每天都会产生许多新的数据，例如销售、货物进出、人事变动等数据，必须对这些数据加以处理，才能知道每个时间段的销售金额、库存量、组织架构等的变化。要对这些数据进行有效的处理就离不开数据库系统，Excel就是一个小型数据库系统。

5. 决策指示

Excel的单变量求解、双变量求解、规划求解等功能，可以根据一定的公式和结果倒推出变量。例如，假设材料成本价格上涨一倍，那么全年成本的费用会增加多少，全年的利润会减少多少？

4.1.2 3类不同用途的表：数据表、统计报表、表单

通过Excel可以制作出很多表格，如员工基本信息表、应聘人员面试登记表、销售明细表、业务费用预算表、销售统计表、入库单、出库单、员工离职申请表……可以将这些表格大致分为3类：数据表、统计报表和表单。

1. 数据表

数据表就是数据"仓库"，存储着大量数据信息，如员工信息表、应聘人员面试登记表、销售明细表等。下图所示是销售明细表示例。

销售日期	销售人员	商品名称	商品类别	单位	单价（元）	数量	金额（元）
2021-01-01	李成	腰果	干果	罐	55.00	188	10,340.00
2021-01-01	李成	黄鱼干	海鲜干货	箱	48.00	56	2,688.00
2021-01-01	陈安琪	松子	干果	袋	70.00	120	8,400.00
2021-01-01	李成	腰果	干果	罐	55.00	153	8,415.00
2021-01-01	刘振亚	腰果	干果	罐	55.00	164	9,020.00

2. 统计报表

统计报表是对数据表中的信息按照一定的条件进行统计汇总后得到的报表，如各种月度报表、季度报表等。下图所示是销售统计报表示例。

销售人员 ▼	求和项:金额（元）
陈安琪	548,397.00
陈玲	651,580.00
陈璐	604,232.00
李成	958,829.00
李好运	789,149.00
刘振亚	786,988.00
王萍	648,862.00
总计	4,988,037.00

3. 表单

表单主要是用来打印输出的，表单中的主要信息可以从数据表中提取。入库单、出库单、员工离职申请表等都属于表单。下图所示是入库单示例。

***公司

入 库 单

单号 NO0020180111

单位名称：　　　　　　　　　　　　　　年　月　日

序号	物品名称	规格型号	单位	数量	单价	合计金额	备注	
1								① 存根
2								
3								② 财务
4								
5								
6								
7								③ 仓库
8								

库管员：　　　　部门主管：　　　　总经理：

4.2 来访人员登记表

来访人员登记表是用来记录来访者信息的一种表格，包括来访者姓名、联系方式、进出时间及来访目的等内容。

来访人员登记表

序号	日期	姓名	事项	进入时间	离开时间	联系电话	备注
1							
2							
3							

4.2.1 新建表格

新建表格有如下几种常用的方法。

配套资源
无
第4章\来访人员登记表—最终效果

请观看视频

1. 单击鼠标右键新建

01 在文件夹中单击鼠标右键，在弹出的快捷菜单中选择【新建】→【Microsoft Excel 工作表】选项，新建一个工作簿。

02 在新建的工作簿上单击鼠标右键，在弹出的快捷菜单中选择【重命名】选项，将工作簿命名为"来访人员登记表"。

2. 启动Excel新建

01 单击计算机左下角的【开始】菜单按钮，从弹出的列表中选择【Excel】选项。

02 从弹出的窗口中选择【空白工作簿】选项，打开一个新的工作簿。

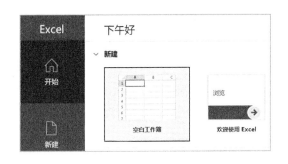

03 单击【文件】按钮，从弹出的界面中选择【另存为】→【浏览】选项。

04 在弹出的【另存为】对话框中选择合适的文件保存位置，将文件名修改为"来访人员登记表"，单击【保存】按钮。

3. 使用快速访问工具栏新建

01 如果已经有打开的工作簿，则可单击快速访问工具栏中的【其他】按钮，在弹出的下拉列表中选择【新建】选项，将【新建】按钮添加到快速访问工具栏中。

02 在快速访问工具栏中单击【新建】按钮，就可以新建一个空白工作簿。

03 重命名工作簿的步骤同前，这里不再重复，最终效果如下图所示。

4.2.2　输入数据

新建"来访人员登记表"工作簿之后，便可以对表格进行编辑，先输入表格标题（合并单元格后，输入"来访人员登记表"，字体选用微软雅黑，字号为22），然后设置表格边框，效果如下图所示。

配套资源
第4章\来访人员登记表01—原始文件
第4章\来访人员登记表01—最终效果

请观看视频

接下来介绍在"来访人员登记表"中制作表头和填充序号的方法。

1. 制作表头

表头要尽量包含所有需要记录的数据。"来访人员登记表"的表头大致包括以下内容：序号、日期、姓名、事项、进入时间、离开时间、联系电话及备注。依据以上内容制作表头如下（字体选用微软雅黑，字号为12，并将文本居中对齐）。

序号	日期	姓名	事项	进入时间	离开时间	联系电话	备注

2. 填充序号

填充序号的步骤如下。

01 在"序号"列的前两个单元格中分别输入"1""2"。

02 选中这两个单元格，将鼠标指针置于单元格区域的右下角，当指针变成"+"形状时，按住鼠标左键向下拖曳至一定位置，即可按步长1填充序号。

4.2.3 打印表格

"来访人员登记表"制作完毕后，需要将其打印出来投入使用，下面就来介绍如何打印表格。

1.横向打印表格

一般表格默认是纵向打印的，有时表格的表头很长（表格的列很多），为了能将所有列打印到一页纸上，需要设置横向打印。下面介绍设置横向打印的具体步骤。

配套资源
第4章\来访人员登记表02—原始文件
第4章\来访人员登记表02—最终效果

请观看视频

01 打开本实例的原始文件，单击快速访问工具栏中的【打印预览和打印】按钮，在弹出的界面中选择【打印】选项，在【设置】组中选择【横向】选项。

如果快速访问工具栏中没有【打印预览和打印】按钮，可单击快速访问工具栏中的【其他】按钮，在弹出的下拉列表中选择【打印预览和打印】选项，将【打印预览和打印】按钮添加到快速访问工具栏中。

02 界面右侧会显示预览效果，在预览中发现"来访人员登记表"的一部分内容并没有显示出来，需要继续调整。

03 单击返回按钮，返回工作表中。

04 可以看到表格确实超出了打印预览线，因此需要调整表格的宽度，使表格全部显示在打印预览线之内，如下页图所示。

05 调整完后，再次单击快速访问工具栏中的【打印预览和打印】按钮。在弹出界面右侧的预览区中可以看到表格已经完整地显示在一张纸上了（用户可以在此基础上继续调整列宽）。

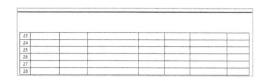

2. 每页都打印表头

在对"来访人员登记表"进行打印预览时发现除第一页外，其他页面都没有表头，如下图所示。

如何为除第一页以外的其他页面也设置表头以方便阅读或使用呢？具体方法如下。

配套资源
第4章\来访人员登记表03—原始文件
第4章\来访人员登记表03—最终效果

请观看视频

01 打开本实例的原始文件，切换到【页面布局】选项卡，单击【页面设置】组中的【打印标题】按钮。

02 弹出【页面设置】对话框，在【工作表】选项卡下单击【顶端标题行】右侧的折叠按钮。

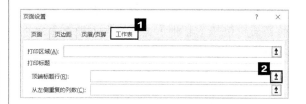

03 选中工作表中表头所在的行，单击展开按钮。

04 返回【页面设置】对话框，单击【打印预览】按钮。

05 在打印预览界面可以看到，除第一页以外的其他页面也都已经设置好了表头。

序号	日期	姓名	事项	进入时间	离开时间	联系电话	备注
23							
24							
25							
26							
27							
28							

4.3 采购信息表

采购部门需要使用采购信息表对每次的采购数据进行记录，以便于统计采购的数量和总金额，并且便于对各类材料的消耗情况进行统计分析。

请购日期	请购单编号	物料编码	材料名称	请购数量	供应商编号	单价	金额	订购日期	验收日期	品质描述
2021-08-27	DN001	01001	轴承	161	YT001	¥100.00	16,100.00	2021-09-27	2021-10-28	良好

4.3.1 输入不同类型的数据

创建工作表后，需要向工作表中输入各类数据。工作表支持的数据类型包括常规型、文本型、货币型、会计专用型、日期型等，下面分别介绍如何输入不同类型的数据。

配套资源
第4章\采购信息表—原始文件
第4章\采购信息表—最终效果

请观看视频

1. 常规型数据

Excel 2021默认状态下的单元格格式为【常规】，此时输入的数据没有特定格式。如果工作表中要输入的数据也没有特定的格式，那么用户就可以不设置单元格格式直接输入数据，例如请购单编号、物料编码、材料名称、请购数量、供应商编号、验收日期和品质描述等，如下图所示。

2. 文本型数据

文本型数据指字符或者数值和字符的组合。在日常的数据输入中，很多编号都是以0开头的，如产品编号、员工编号等，如果直接输入，开头的0就会消失。此时，将单元格格式

设置为【文本】，以0开头的编号就可以正常显示。输入以0开头的物料编码的具体步骤如下。

01 打开本实例的原始文件，选中需要输入物料编码的单元格区域C2:C20，切换到【开始】选项卡。

02 单击【数字】格式右侧的下拉按钮，在弹出的下拉列表中选择【文本】选项。

03 此时在单元格C2中输入物料编码"01001"，可正常显示。

> **提示**
>
> 　　单元格左上角的绿色小三角形代表单元格中的数据是文本型数据。

3. 货币型数据

　　货币型数据采用一般货币格式，例如单价、金额等数据。具体输入步骤如下。

01 选中单元格区域G2:G20，切换到【开始】选项卡。

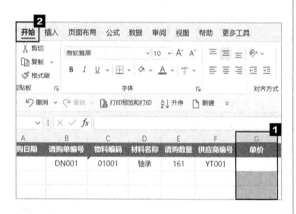

02 单击【数字】组右下角的对话框启动器按钮 。

选择【货币】选项，其他选项保持默认，单击【确定】按钮。

04 返回工作表，在单元格G2中输入数据"100"，按【Enter】键后，数据将显示为"￥100.00"，效果如下图所示。

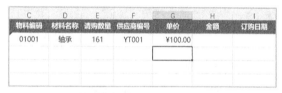

4. 会计专用型数据

　　会计专用型数据与货币型数据基本相同，只是在显示上略有不同，具体体现在币种符号的位置上。货币型数据的币种符号与数字是连在一起且靠右显示的，会计专用型数据是币种符号靠左、数字靠右显示的。具体输入步骤如下。

01 选中单元格区域H2:H20，单击鼠标右键，在弹出的快捷菜单中选择【设置单元格格式】选项。

02 在弹出的【设置单元格格式】对话框中切换到【数字】选项卡，在【分类】列表框中选择【会计专用】选项，单击【确定】按钮。

03 在单元格H2中输入数据"16100"，按【Enter】键后，数据将显示为"￥16,100.00"。

F	G	H	I	J	K
供应商编号	单价	金额	订购日期	验收日期	品质描述
YT001	￥100.00	￥16,100.00			良好

5. 日期型数据

日期型数据直接输入就可以，但需注意以下几点：①日期必须按照标准格式"年/月/日"或"年－月－日"输入；②年份可以只输入后两位，系统会自动添加前两位；③月不得超过12，日不得超过31，否则系统会将其视作文本型数据。具体输入步骤如下。

01 在单元格A2中输入"2021－8－27"，按【Enter】键，可以看到日期显示为"2021/8/27"。

	A	B	C	D
1	请购日期	请购单编号	物料编码	材料名称
2	2021/8/27	DN001	01001	轴承
3				
4				

提示

Excel 2021可以自动识别输入的标准日期，并将其默认显示为"年/月/日"格式。

02 如果用户对默认的日期格式不满意，可以进行自定义设置。选中单元格区域A2:A20，按【Ctrl】+【1】组合键，弹出【设置单元格格式】对话框。切换到【数字】选项卡，在【分类】列表框中选择【日期】选项，在右侧的【类型】列表框中选择一种合适的日期显示方式，例如选择【2012-03-14】选项，单击【确定】按钮。

03 此时日期显示成"2021-08-27"格式，I列和J列的日期也做同样的设置，效果如下图所示。

你发现了吗?

有3种方式可以打开【设置单元格格式】对话框。使用【Ctrl】+【1】组合键更高效!

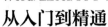
4.3.2 合理设置表格

在工作表中输入数据后，为了更清楚地显示数据，用户可以对工作表进行美化，美化工作表的操作主要包括设置字体格式、调整行高和列宽、设置对齐方式、设置边框和填充颜色等。

1. 设置字体格式

在Excel 2021中，工作表的默认字体为等线、字号为11，标题和数据采用的是同一种字体格式，不便于区分。为了方便查看数据，用户可以对工作表中数据的字体格式重新进行设置。具体操作步骤如下。

配套资源
第4章\采购信息表01—原始文件
第4章\采购信息表01—最终效果

请观看视频

01 打开本实例的原始文件，选中表头单元格区域A1:K1，切换到【开始】选项卡，在【字体】组的【字体】下拉列表中选择合适的字体，例如选择【微软雅黑】选项。

02 在【字号】下拉列表中选择合适的字号，例如选择【11】选项。

03 单击【加粗】按钮，使表头加粗显示。

04 选中表头以外的数据区域，单击【字体】组右下角的对话框启动器按钮 ⬂。

05 在弹出的【设置单元格格式】对话框中切换到【字体】选项卡，在【字体】列表框中选择【宋体】选项，在【字号】列表框中选择【10】选项，单击【确定】按钮。

03 弹出【行高】对话框，在【行高】文本框中输入合适的值，此处设置行高为22磅，单击【确定】按钮。

06 返回工作表，效果如下图所示。

04 返回工作表，效果如下图所示。

2. 调整行高和列宽

表格的行高或列宽值过小会让数据显示不完整，过大则会显得表格空旷，所以在设置字体格式后，还需适当地调整表格的行高和列宽。具体操作步骤如下。

<table>
<tr><td>配套资源</td></tr>
<tr><td>第4章\采购信息表02—原始文件</td></tr>
<tr><td>第4章\采购信息表02—最终效果</td></tr>
</table>

请观看视频

01 设置行高。单击工作表中编辑区域左上角的全选按钮▦，选中整个工作表。

02 在任意一个行号上单击鼠标右键，在弹出的快捷菜单中选择【行高】选项。

提示

工作表的行高和列宽的默认单位都是磅，行高默认为14.25磅，列宽默认为24磅。

05 设置列宽。列宽的设置方式与行高相同。可以为工作表中的列设置相同的宽度，也可以根据内容逐一调整各列的宽度。将鼠标指针移动到需要调整宽度的列的列标右侧框线上，鼠标指针变成双箭头形状，如下图所示。

06 此时，按住鼠标左键不放，左右拖曳鼠标即可调整列宽。在调整过程中，鼠标指针的旁边会显示出当前列的宽度。

07 调整到合适的列宽后，释放鼠标左键即可。按照相同的方法调整其他列的列宽，使各列内容都完整显示。

3. 设置对齐方式

在工作表中输入数据时，输入数据的类型不同，默认的对齐方式也不同。当输入的数据是常规型和文本型数据时，水平方向默认靠左对齐，垂直方向默认靠下对齐；当输入的数据是数值型数据时，如数字、日期或货币型数据，水平方向默认靠右对齐，垂直方向默认靠下对齐。

Excel默认的对齐方式看起来不是很美观，也不利于阅读。因此，用户可以根据需要对单元格数据的对齐方式进行重新设置。

设置"采购信息表"中数据对齐方式的具体操作步骤如下。

配套资源
第4章\采购信息表03—原始文件
第4章\采购信息表03—最终效果

请观看视频

01 设置表头的水平对齐方式。选中单元格区域A1:K1，在【对齐方式】组中单击【居中】按钮。

02 选中的表头即可水平居中对齐，效果如下图所示。

03 设置某个区域的水平对齐方式。选中A列至F列，在【对齐方式】组中单击【居中】按钮，使各列的内容水平居中对齐。

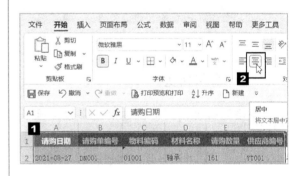

04 设置垂直对齐方式。选中整个工作表，单击【垂直居中】按钮，即可将整个工作表的内容设置为垂直居中对齐。

4. 设置边框和填充颜色

工作表默认是没有边框和底纹的，用户看到的工作表中的框线只是工作表的网格线而非边框。网格线并非真实存在的线，它的作用是在用户未设置边框时辅助用户区分各单元格。关闭网格线后，工作表中的框线就会消失，如下图所示。

因此，在做好一张表格后，需要为表格设置边框和填充颜色，这样别人在查看表格时，无论是否显示网格线，都可以清晰分辨各行各列。设置边框和填充颜色的具体操作步骤如下。

配套资源
第4章\采购信息表04—原始文件
第4章\采购信息表04—最终效果

请观看视频

01 设置边框。选中单元格区域A1:K1，切换到【开始】选项卡，单击【字体】组右下角的对话框启动器按钮 。

02 在弹出的【设置单元格格式】对话框中切换到【边框】选项卡，在【样式】列表框中选择【双实线】选项，依次单击【边框】选项组中的【上框线】按钮和【下框线】按钮。

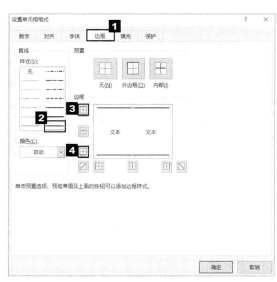

03 在【样式】列表框中选择【单实线】选项，单击【边框】选项组中的【中间竖框线】按钮。

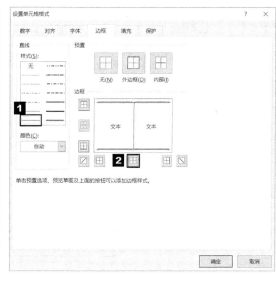

04 设置完毕后单击【确定】按钮，返回工作表，效果如下图所示。

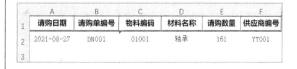

05 选中表头以外的所有数据区域A2:K20，单击鼠标右键，在弹出的快捷菜单中选择【设置单元格格式】选项。

作表，效果如下图所示。

■ **06** 在弹出的【设置单元格格式】对话框中切换到【边框】选项卡，在【样式】列表框中选择【单实线】选项，在【颜色】下拉列表中选择【白色，背景1，深色35%】选项，依次单击【边框】选项组中的【中间横框线】按钮、【下框线】按钮和【中间竖框线】按钮。

■ **08** 设置填充颜色。为了使表头更加突出，可以为表头添加底纹。选中单元格区域A1:K1，在【字体】组中单击【填充颜色】按钮右侧的下拉按钮，在弹出的下拉列表中选择一种合适的颜色，例如选择【白色，背景1，深色15%】选项。

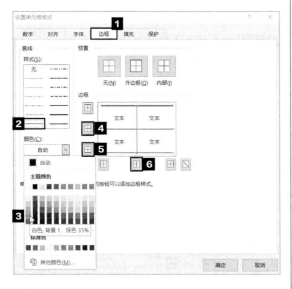

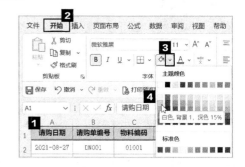

■ **09** 最终效果如下图所示。

■ **07** 设置完毕后单击【确定】按钮，返回工

问题解答

表格很长，看不到表头怎么办

当表格很长，看不到表头时怎么办？这时可以冻结表头，具体步骤如下。

■ **01** 选中工作表中的任意一个单元格，切换到【视图】选项卡，单击【冻结窗格】按钮，在弹出的下拉列表中选择【冻结首行】选项。

02 设置好后，滚动鼠标滚轮查看工作表内容，表头始终显示在工作表上方。

	A	B	C	D	E	F
1	请购日期	请购单编号	物料编码	材料名称	请购数量	供应商编号
8	2021-09-02	DN007	01007	电瓶线	72	YT001
9	2021-09-03	DN008	01008	刹车片	168	YT001
10	2021-09-04	DN009	01009	轴承	169	YT001

如何保护工作表

不想自己的表格被其他人修改，可以为工作表设置保护，具体实现步骤如下。

01 选中工作表中的任意一个单元格，切换到【审阅】选项卡，在【保护】组中单击【保护工作表】按钮。

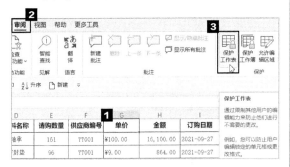

02 弹出【保护工作表】对话框，在其中输入密码，单击【确定】按钮。

03 弹出【确认密码】对话框，输入与刚才相同的密码，单击【确定】按钮。

再次打开工作表时，需要输入密码才可查看其中的内容。

设置保护工作表后，还可以撤销保护，具体步骤如下。

01 选中工作表中的任意一个单元格，切换到【审阅】选项卡，在【保护】组中单击【撤消工作表保护】按钮。

02 弹出【撤消工作表保护】对话框，在其中输入密码，单击【确定】按钮，即可解除对工作表的保护。

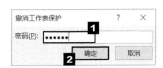

第5章

Excel 中的数据处理

本章主要讲解Excel中的数据处理，主要包括查找与替换、数据排序、数据筛选及数据突出显示等。掌握Excel中的数据处理，能够大幅提高工作效率。

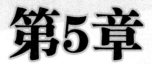 **学习导图**

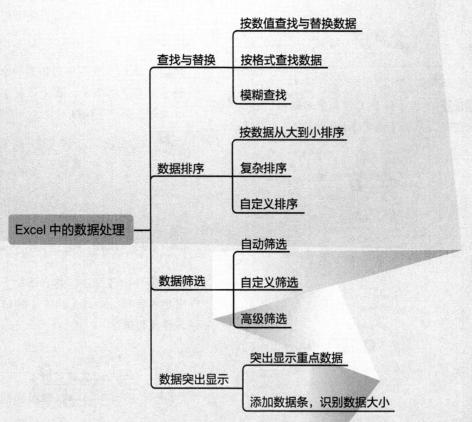

5.1 查找与替换

使用Excel时经常会有查找和替换数据的需求，如果逐个寻找目标数据并进行替换，会浪费大量时间。这时如果使用查找和替换功能，就能迅速锁定目标，并进行批量替换，从而大大提高工作效率。

5.1.1 按数值查找与替换数据

查找与替换数据是日常工作中常见的操作。

1. 按数值查找数据

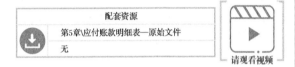

01 打开本实例的原始文件，单击工作表中的任意一个单元格，切换到【开始】选项卡，在【编辑】组中单击【查找和选择】按钮，在弹出的下拉列表中选择【查找】选项。

02 在弹出的【查找和替换】对话框的【查找内容】文本框中输入"李菲"，单击【查找全部】按钮。

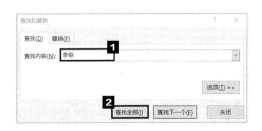

03 这样与李菲相关的信息就全部查询出来了，如右上图所示。

2. 按数值替换数据

当采购人员发生变更，需要在工作表中修改采购人员的名字时，就需要使用替换功能来实现，具体操作步骤如下。

01 打开本实例的原始文件，单击工作表中的任意一个单元格，按【Ctrl】+【F】组合键，弹出【查找和替换】对话框，切换到【替换】选项卡，在【查找内容】文本框中输入"李菲"，在【替换为】文本框中输入"张云"，单击【全部替换】按钮。

02 "李菲"全部被替换为"张云",结果如右图所示。

5.1.2 按格式查找数据

使用查找和替换功能,不仅可以按数值查找数据,还可以按格式查找数据。

配套资源
第5章\应付账款明细表02—原始文件
无

请观看视频

01 打开本实例的原始文件,单击工作表中的任意一个单元格,按【Ctrl】+【F】组合键,弹出【查找和替换】对话框,在其中单击【选项】按钮。

02 单击【格式】按钮右侧的下拉按钮,从弹出的下拉列表中选择【从单元格选择格式】选项。

03 鼠标指针会变成吸管形状,此时单击需要查找的单元格E2(该单元格填充了背景颜色"白色,背景1,深色35%")。

04 单击【查找全部】按钮,将与E2单元格格式相同的单元格中的数据都查找出来,如下图所示。

按格式查找结束后，将【查找和替换】对话框恢复到未设定格式时的状态的具体步骤如下。

01 单击工作表中的任意一个单元格，按【Ctrl】+【F】组合键，弹出【查找和替换】对话框，单击【格式】按钮右侧的下拉按钮，从弹出的下拉列表中选择【清除查找格式】选项。

02 这样即可清除设定的格式。想要恢复到最初的【查找和替换】对话框样式，单击【选项】按钮即可。

03 最初的【查找和替换】对话框样式如下图所示。

5.1.3 模糊查找

使用查找功能可以对数据进行模糊查找，即输入一部分数据，再加上通配符"*"来查找（通配符"*"代表任意个字符，包括0个字符）。

当忘记了某采购人员的全名，只记得最后一个字是"蓉"时，可使用通配符"*"和查找功能进行模糊查找，具体步骤如下。

配套资源
第5章\应付账款明细表03—原始文件
无

请观看视频

01 打开本实例的原始文件，单击工作表中的任意一个单元格，按【Ctrl】+【F】组合键，弹出【查找和替换】对话框，在【查找内容】文本框中输入"蓉*"，单击【查找全部】按钮，即可将该采购人员的相关信息查询出来。

提示 如果多个采购人员的名字中都含有"蓉"字，那么这些人员的相关信息都会被查询出来。

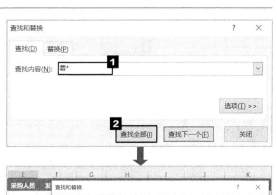

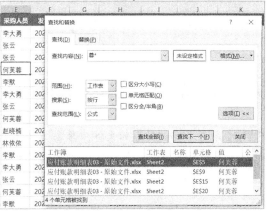

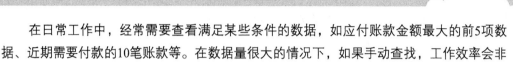

5.2 数据排序

在日常工作中，经常需要查看满足某些条件的数据，如应付账款金额最大的前5项数据、近期需要付款的10笔账款等。在数据量很大的情况下，如果手动查找，工作效率会非常低。借助Excel的数据排序功能，就可以迅速实现这些操作。

5.2.1 按数据从大到小排序

要想获得应付账款明细表中的应付账款金额最大的前5项数据，可以将数据从大到小进行排序，具体步骤如下。

配套资源
第5章\应付账款明细表04—原始文件
第5章\应付账款明细表04—最终效果

请观看视频

01 打开本实例的原始文件，单击O1单元格，切换到【开始】选项卡，在【编辑】组中单击【排序和筛选】按钮，在弹出的下拉列表中选择【降序】选项。

02 应付余额数据从大到小进行排序，前5项即应付账款金额最大的前5项数据。

K	L	M	O
实际应付款（元）	付款日期	已付金额（元）	应付余额（元）
70,000.00	2021-10-15	11,000.00	59,000.00
70,000.00	2021-10-15	11,000.00	59,000.00
70,000.00	2021-10-15	11,000.00	59,000.00
70,000.00	2021-10-15	11,000.00	59,000.00
60,000.00	2021-10-10	9,000.00	51,000.00

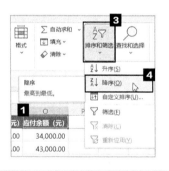

5.2.2 复杂排序

在实际工作中，有时需要根据多个关键词进行排序，例如想要查询每个供应商的付款情况，且这些数据需按照付款日期由近及远排序，这时就需要使用多条件排序，即复杂排序。

配套资源
第5章\应付账款明细表05—原始文件
第5章\应付账款明细表05—最终效果

请观看视频

01 打开本实例的原始文件，单击工作表中的任意一个单元格，切换到【数据】选项卡，在【排序和筛选】组中单击【排序】按钮。

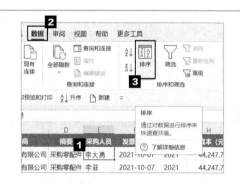

02 弹出【排序】对话框，单击【主要关键字】右侧的下拉按钮，在弹出的下拉列表中选择【供应商】选项。

03 单击【添加条件】按钮，添加一组新的排序条件，在【次要关键字】下拉列表中选择【付款日期】选项，其余项目保持不变，单击【确定】按钮。

04 此时表格数据在根据"供应商"进行升序排列的基础上，按照"付款日期"进行了升序排列，排序效果如下图所示。

5.2.3 自定义排序

数据排序方式除了按照升序、降序排列外，还可以根据需要自定义排序，例如按照采购人员入职的先后顺序来排列。

配套资源
第5章\应付账款明细表06—原始文件
第5章\应付账款明细表06—最终效果

请观看视频

01 打开本实例的原始文件，单击工作表中的任意一个单元格，切换到【数据】选项卡，在【排序和筛选】组中单击【排序】按钮。

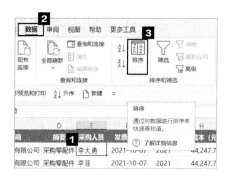

02 弹出【排序】对话框，在【主要关键字】下拉列表中选择【采购人员】选项，单击【次序】栏中的下拉按钮，在弹出的下拉列表中选择【自定义序列】选项。

03 弹出【自定义序列】对话框，在【输入序列】列表框中输入"李大勇,李菲,何芙蓉,李默,赵晓楠,林依依"，名字之间的逗号用英文半角。

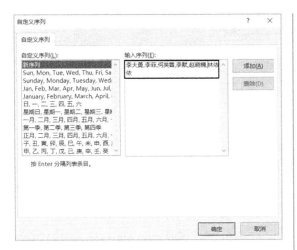

04 单击【添加】按钮，此时新定义的序列被添加到【自定义序列】列表框中，单击【确定】按钮。

05 返回【排序】对话框，此时，【次序】下拉列表框中会自动显示新设置的序列内容，单击【确定】按钮。

06 排序效果如下图所示。

供应商	摘要	采购人员	发票日期	成本期间	预估成本（元）	结算期（天）
上海昌吉**有限公司	采购零配件	李大勇	2021-10-07	2021	44,247.79	60
北京迎捷**有限公司	采购零配件	李大勇	2021-10-08	2021	44,247.79	60
北京侯荣**有限公司	采购零配件	李大勇	2021-10-12	2021	53,097.35	60
深圳大力**有限公司	采购零配件	李大勇	2021-10-14	2021	61,946.90	60
北京长隆**有限公司	采购零配件	李菲	2021-10-07	2021	44,247.79	60
深圳大力**有限公司	采购零配件	李菲	2021-10-07	2021	44,247.79	60
深圳佳吉**有限公司	采购零配件	李菲	2021-10-09	2021	44,247.79	60
北京迎捷**有限公司	采购零配件	李菲	2021-10-13	2021	53,097.35	60
石家庄凯嘉**有限公司	采购零配件	李菲	2021-10-15	2021	61,946.90	60
石家庄凯嘉**有限公司	采购零配件	何芙蓉	2021-10-08	2021	44,247.79	60
上海昌吉**有限公司	采购零配件	何芙蓉	2021-10-10	2021	53,097.35	60
深圳佳吉**有限公司	采购零配件	何芙蓉	2021-10-14	2021	53,097.35	60

5.3 数据筛选

当 Excel 工作表中的数据较多时，如果想查看其中符合某些条件的数据，可以使用数据筛选功能。Excel 2021 提供了 3 种数据筛选功能：自动筛选、自定义筛选和高级筛选。

5.3.1 自动筛选

自动筛选一般用于简单条件的筛选，筛选时将不满足条件的数据暂时隐藏起来，只显示符合条件的数据。

1. 单条件筛选

在应付账款明细表中，如果想要查看某个采购人员负责的业务的相关信息，可以使用单条件筛选。具体操作步骤如下。

◎ 筛选出指定采购人员的相关信息

配套资源
第5章\应付账款明细表07—原始文件
第5章\应付账款明细表07—最终效果

请观看视频

01 打开本实例的原始文件，单击工作表中的任意一个单元格，切换到【数据】选项卡，在【排序和筛选】组中单击【筛选】按钮，随即表头各字段的右侧出现筛选按钮▽，进入筛选状态。

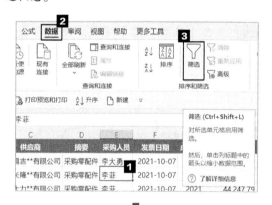

02 单击【采购人员】字段右侧的筛选按钮，在弹出的下拉列表中取消勾选【全选】复选框，勾选【林依依】复选框，单击【确定】按钮。

03 筛选效果如下图所示。

◎ 筛选出应付账款余额最小的3项

配套资源
第5章\应付账款明细表08—原始文件
第5章\应付账款明细表08—最终效果

请观看视频

01 打开本实例的原始文件，单击工作表中的任意一个单元格，切换到【数据】选项卡，在【排序和筛选】组中单击【筛选】按钮，随即表头各字段的右侧出现筛选按钮，进入筛选状态。

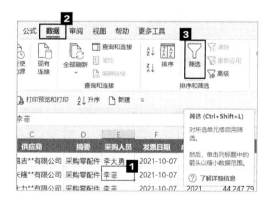

02 单击【应付余额（元）】字段右侧的筛选按钮，从弹出的下拉列表中选择【数字筛选】→【前10项】选项。

03 弹出【自动筛选前10个】对话框，默认是筛选最大的前10个，用户可以根据实际需求进行修改，例如，此处可以将条件修改为"最小3项"，单击【确定】按钮。

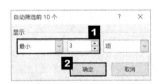

04 筛选效果如下图所示。

2. 多条件筛选

如果想要同时查看多个采购人员的业务相关信息或者某个采购人员在某个公司的采购相关信息等，可以使用多条件筛选。

多条件筛选分为一列多条件筛选和跨列多条件筛选。

○ 一列多条件筛选

如果想要同时查看多个采购人员的相关信息，例如要查看李菲和林依依的相关信息，具体实现方法如下。

配套资源
第5章\应付账款明细表09—原始文件
第5章\应付账款明细表09—最终效果

请观看视频

01 单击【采购人员】字段右侧的筛选按钮，在弹出的下拉列表中勾选【林依依】复选框（原始文件中李菲已经勾选），单击【确定】按钮。

02 筛选效果如下图所示。

	A	B	C	D	E	F	G
1	序	合同编号	供应商	摘要	采购人	发票日期	成本期
3	2	HBC2021100706	北京长隆**有限公司	采购零配件	李菲	2021-10-07	2021
4	3	HBC2021100707	深圳大力**有限公司	采购零配件	李菲	2021-10-07	2021
8	7	HBC2021100911	深圳佳兴**有限公司	采购零配件	李菲	2021-10-09	2021
11	10	HBC2021101114	深圳大力**有限公司	采购零配件	林依依	2021-10-11	2021
14	13	HBC2021101317	北京迎捷**有限公司	采购零配件	李菲	2021-10-13	2021
19	18	HBC2021101522	石家庄凯嘉**有限公司	采购零配件	李菲	2021-10-15	2021

跨列多条件筛选

如果想要查询采购人员李菲负责的"深圳佳吉**有限公司"的相关数据，就需要进行跨列多条件筛选，具体实现方法如下。

01 单击【筛选】按钮，进入筛选状态，单击【采购人员】字段右侧的筛选按钮，在弹出的下拉列表中勾选【李菲】复选框。

02 单击【供应商】字段右侧的筛选按钮，从弹出的下拉列表中取消勾选【全选】复选框，勾选【深圳佳吉**有限公司】复选框，单击【确定】按钮。

03 返回Excel工作表，最终筛选效果如右上图所示。

取消筛选

筛选和查看完数据后，想让工作表恢复到之前未筛选的状态，可以进行如下操作。

选中数据区域中的任意一个单元格，切换到【数据】选项卡，在【排序和筛选】组中单击【筛选】按钮，即可取消之前的筛选。

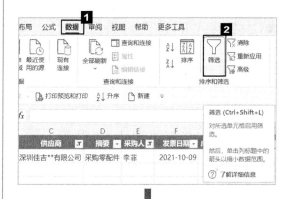

提示

使用筛选功能和取消筛选功能时，除了使用【数据】选项卡下的【筛选】按钮，还可以使用【Ctrl】+【Shift】+【L】组合键。

5.3.2 自定义筛选

在实际工作中，有时需要对数据进行更加个性化的筛选，此时就可以使用自定义筛选功能。

配套资源
第5章\应付账款明细表11—原始文件
第5章\应付账款明细表11—最终效果

请观看视频

01 打开本实例的原始文件，选中数据区域中的任意一个单元格，按【Ctrl】+【Shift】+【L】组合键进入筛选状态。

02 单击【应付余额（元）】字段右侧的筛选按钮，从弹出的下拉列表中选择【数字筛选】→【自定义筛选】选项。

03 在弹出的【自定义自动筛选方式】对话框中，将【应付余额（元）】显示条件设置为"大于或等于45000"与"小于或等于50000"，单击【确定】按钮。

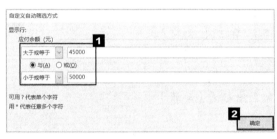

04 筛选效果如下图所示。

5.3.3 高级筛选

高级筛选一般用于条件较复杂的筛选操作。其筛选的结果可以显示在原数据表格中，不符合条件的记录会被隐藏起来；也可以显示在新的位置，不符合条件的记录保留在数据表中而不会被隐藏起来，这样更加便于数据比对。

配套资源
第5章\应付账款明细表12—原始文件
第5章\应付账款明细表12—最终效果

请观看视频

对于复杂条件的筛选，如果使用系统自带的筛选条件，可能需要进行多次筛选，而如果使用高级筛选，就可以灵活设定筛选条件。

01 打开本实例的原始文件，将筛选条件放在工作表数据的右侧。例如在单元格R1中输入"已付款比例"，在单元格R2中输入">25%"，在单元格S1中输入"应付余额（元）"，在单元格S2中输入">40000"。

N	O	P	Q	R	S
结算日期	已付款比例	应付余额（元）		已付款比例	应付余额（元）
2021-12-06	32%	34,000.00		>25%	>40000
2021-12-06	14%	43,000.00			

提示 筛选条件中的第一行是项目名称，填写必须准确，应与原始表的字段名完全一致（填写时最好直接从原始表中复制）；第二行是条件。

02 选中数据区域的任意一个单元格，切换到【数据】选项卡，单击【排序和筛选】组中的【高级】按钮。

03 弹出【高级筛选】对话框，在【方式】选项组中选中【在原有区域显示筛选结果】单选钮，单击【条件区域】文本框右侧的【折叠】按钮。

04 在工作表中选择条件区域R1:S2，选择完毕后单击【展开】按钮。

05 返回【高级筛选】对话框，此时【条件区域】文本框中显示的是条件区域的范围，单击【确定】按钮。

06 筛选效果如下图所示。

L	M	N	O	P
付款日期	已付金额（元）	结算日期	已付款比例	应付余额（元）
2021-10-10	16,000.00	2021-12-12	27%	44,000.00
2021-10-10	16,000.00	2021-12-13	27%	44,000.00
2021-10-15	26,000.00	2021-12-13	37%	44,000.00

提示 在实际工作中，如果正确使用高级筛选功能后，筛选结果为无，则代表工作表中没有符合该筛选条件的数据，需要根据情况修改筛选条件后再重新进行高级筛选。

如果要撤销高级筛选，单击【排序和筛选】组中的【清除】按钮即可。

5.4 数据突出显示

在实际工作中，用户在编辑数据时，对于表格中一些存在异常或者需要重点突出和强调的数据，可以通过 Excel 中的条件格式功能将其突出显示出来。

5.4.1 突出显示重点数据

要想一眼看出应付账款明细表中已付款比例大于25%的单元格数据，可以使用突出显示重点数据功能来实现。

请观看视频

01 打开本实例的原始文件，选中单元格区域O2:O21，切换到【开始】选项卡，在【样式】组中单击【条件格式】按钮，在弹出的下拉列表中选择【突出显示单元格规则】→【大于】选项。

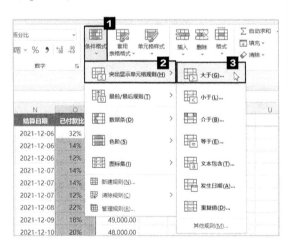

02 弹出【大于】对话框，在【设置为】前面的文本框中输入"25%"，在【设置为】下拉列表中选择一种合适的填充格式，这里选择默认的"浅红填充色深红色文本"选项，单击【确定】按钮。

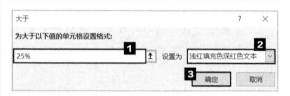

03 返回工作表，即可看到已付款比例大于25%的数据已经被突出显示出来了，最终效果如下图所示。

付款日期	已付金额（元）	结算日期	已付款比例	应付余额（元）
2021-10-05	16,000.00	2021-12-06	32%	34,000.00
2021-10-05	7,000.00	2021-12-06	14%	43,000.00
2021-10-05	6,000.00	2021-12-06	12%	44,000.00
2021-10-06	7,000.00	2021-12-07	14%	43,000.00
2021-10-07	7,000.00	2021-12-07	14%	43,000.00
2021-10-07	6,000.00	2021-12-07	12%	44,000.00
2021-10-07	11,000.00	2021-12-08	22%	39,000.00
2021-10-08	11,000.00	2021-12-09	18%	49,000.00
2021-10-09	12,000.00	2021-12-10	20%	48,000.00
2021-10-10	9,000.00	2021-12-10	15%	51,000.00
2021-10-10	9,000.00	2021-12-10	15%	51,000.00
2021-10-10	13,000.00	2021-12-11	22%	47,000.00
2021-10-10	16,000.00	2021-12-12	27%	44,000.00

提示

突出显示重点数据不仅局限于突出显示满足大于条件的数据，还可以突出显示满足小于、介于、等于、文本包含、发生日期或重复值等多种条件的数据，用户可以根据需要自行设置。

5.4.2 添加数据条，识别数据大小

Excel的条件格式中的数据条功能，可以直观地显示数据的大小关系。数据条的长短表示数据的大小，数据条越长表示这个表格中的数据越大，反之越小。

配套资源
第5章\应付账款明细表14—原始文件
第5章\应付账款明细表14—最终效果

请观看视频

下面以为"应付余额（元）"字段下的单元格添加数据条为例，介绍如何在表格中添加数据条。

01 打开本实例的原始文件，选中单元格区域P2:P21，单击【条件格式】按钮，在弹出的下拉列表中选择【数据条】→【渐变填充】组的【蓝色数据条】选项。

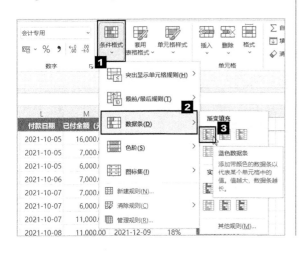

02 可以看到为选中的单元格区域添加数据条后的效果。

L	M	N	O	P
付款日期	已付金额（元）	结算日期	已付款比例	应付余额（元）
2021-10-05	16,000.00	2021-12-06	32%	34,000.00
2021-10-05	7,000.00	2021-12-06	14%	43,000.00
2021-10-05	6,000.00	2021-12-06	12%	44,000.00
2021-10-06	7,000.00	2021-12-07	14%	43,000.00
2021-10-07	7,000.00	2021-12-07	14%	43,000.00
2021-10-07	6,000.00	2021-12-07	12%	44,000.00
2021-10-07	11,000.00	2021-12-08	22%	39,000.00
2021-10-08	11,000.00	2021-12-09	18%	49,000.00
2021-10-09	12,000.00	2021-12-10	20%	48,000.00
2021-10-10	9,000.00	2021-12-10	15%	51,000.00
2021-10-10	9,000.00	2021-12-10	15%	51,000.00
2021-10-10	13,000.00	2021-12-11	22%	47,000.00
2021-10-10	16,000.00	2021-12-12	27%	44,000.00
2021-10-10	16,000.00	2021-12-13	27%	44,000.00
2021-10-15	21,000.00	2021-12-13	35%	39,000.00
2021-10-15	26,000.00	2021-12-13	37%	44,000.00
2021-10-15	11,000.00	2021-12-13	16%	59,000.00
2021-10-15	11,000.00	2021-12-14	16%	59,000.00

第6章

数据验证与多表合并

本章主要讲解数据验证与多表合并的相关内容。使用数据验证，可以用下拉列表输入数据，从而使输入的数据不出错，还能限定文本长度；使用多表合并，能将多个工作表合并成一个表，大大提高工作效率。

学习导图

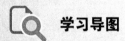

数据验证与多表合并
- 通过下拉列表输入"岗位""学历"
- 限定文本长度
- 多表合并

6.1

员工信息表

员工信息表是存储员工基本信息的数据表，使用它可以加强对员工的管理，对员工的基本情况进行登记，以便日后查询。

6.1.1 通过下拉列表输入"岗位""学历"

为了提高"员工信息表"中"岗位"和"学历"字段数据的输入速度和准确性，用户可以通过数据验证功能生成下拉列表来输入"岗位"和"学历"。

1.通过下拉列表输入"岗位"

01 打开本实例的原始文件，在工作表"在职员工信息表"中选中单元格区域L2:L20，切换到【数据】选项卡，在【数据工具】组中单击【数据验证】按钮的上半部分。

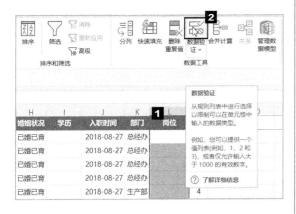

02 弹出【数据验证】对话框，切换到【设置】选项卡，在【验证条件】选项组的【允许】下拉列表中选择【序列】选项。

03 将光标定位到【来源】文本框中，切换到工作表"岗位参数表"中。

■04 选中单元格区域A2:A15，将数据序列的【来源】设置为"=岗位参数表表!$A$2:$A$15"，单击【确定】按钮。

■05 返回工作表"在职员工信息表"中，选中L2单元格，其右侧会出现下拉按钮。

■06 单击该下拉按钮，在弹出的下拉列表中选择"总经理"选项，在单元格L2中即可输入"总经理"，如下图所示。

2. 通过下拉列表输入"学历"

配套资源
第6章\员工信息表01—原始文件
第6章\员工信息表01—最终效果

请观看视频

■01 打开本实例的原始文件，在工作表"在职员工信息表"中选中单元格区域I2:I20，切换到【数据】选项卡，在【数据工具】组中单击【数据验证】按钮的上半部分。

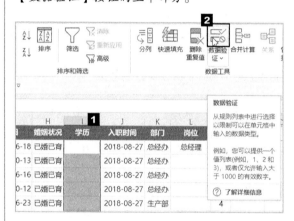

■02 在弹出的【数据验证】对话框中切换到【设置】选项卡，在【验证条件】选项组的【允许】下拉列表中选择【序列】选项。

■03 将光标定位到【来源】文本框中，切换到工作表"学历参数表"。

04 选中单元格区域A2：A6，即可将数据序列的【来源】设置为"=学历参数表!$A$2:$A$6"，单击【确定】按钮。

05 返回工作表，在选中的单元格区域右侧会出现一个下拉按钮。

06 选中单元格I2，单击其右侧的下拉按钮，在弹出的下拉列表中选择"硕士研究生"选项，在单元格I2中输入"硕士研究生"。

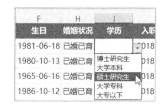

提示

设置下拉列表的要点在于提前制作参数表，在参数表中将可能出现的选项都列举出来。如果后期有新增加的选项，可以在参数表的下方增加，然后在【数据验证】对话框的【来源】文本框处重新选择参数范围。

6.1.2　限定文本长度

手机号码和身份证号码是日常工作中经常需要填写的长数字串。由于其数字较多，填写过程中多一位或少一位的情况时有发生。在这种情况下，就可以使用数据验证来限定文本长度，具体操作步骤如下。

配套资源
第6章\员工信息表02—原始文件
第6章\员工信息表02—最终效果

请观看视频

01 打开本实例的原始文件，在工作表"在职员工信息表"中选中单元格区域C2:C20，切换到【数据】选项卡，在【数据工具】组中单击【数据验证】按钮的上半部分。

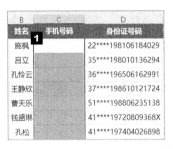

02 在弹出的【数据验证】对话框中切换到【设置】选项卡，在【验证条件】选项组的【允许】下拉列表中选择【文本长度】选项，在【数据】下拉列表中选择【等于】选项，在【长度】文本框中输入"11"。

03 切换到【出错警告】选项卡，在【错误信息】文本框中输入"请检查手机号码是否为11位。"。单击【确定】按钮。

04 当在单元格区域C2:C20中输入的手机号码不是11位时，系统会弹出下图所示的提示框。

05 单击【重试】按钮，重新输入手机号码即可。

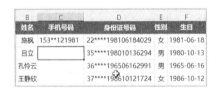

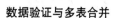

06 用户可以按照相同的方法将单元格区域 D2:D20通过设置数据验证的方式来限定其文本长度为18位，出错警告设置为"请检查身份证号码是否为18位。"。

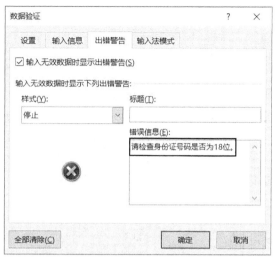

数据验证除了可以进行序列填充和限制文本长度外，还可以限定很多条件，例如结合函数来限定身份证号码为文本格式、长度为18位且身份证号码唯一的规则。读者可亲自动手进行尝试。

6.2 销售数据表

销售数据表中存储着基本的销售数据信息，由于销售数据量通常很大，有时会被存储在同一工作簿的不同工作表中，有时会被存储在不同的工作簿中。在进行数据分析时，需要将分开存储的数据合并在一起，很多人选择的方式是复制粘贴，如果表格数量很少，数据量也很少，这种方式操作起来没有问题。但是如果表格很多、数据量又很大，这种方式就不再适用。本节将介绍使用多表合并的方式来合并数据。

6.2.1 同一工作簿的多表合并

在下图所示的"上半年销售数据"工作簿中包含了1~6月份的销售明细表，将这6个工作表中的数据合并到一个表中的操作步骤如下。

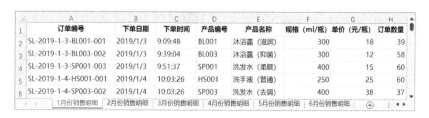

01 打开本实例的原始文件，按【Ctrl】+【N】组合键，新建一个空白工作簿。切换到【数据】选项卡，单击【获取和转换数据】组中的【获取数据】按钮，在弹出的下拉列表中选择【来自文件】→【从工作簿】选项。

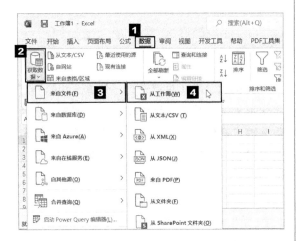

02 弹出【导入数据】对话框，在其中选择需要合并的工作簿，本例中是"上半年销售数据—原始文件"，单击【导入】按钮。

03 弹出【导航器】窗口，在左侧的列表框中勾选【选择多项】复选框，在下方勾选需要合并的所有工作表，单击【转换数据】按钮。

进入【Power Query编辑器】窗口，首先查看各列数据的数据类型是否正确，是否含有空行，当前工作表是【1月份销售明细】，只有【下单时间】列的数据类型不正确，需要将其更改为【时间】。

04 选中【下单时间】列，单击【数据类型：任意】按钮，在弹出的下拉列表中选择【时间】选项，弹出【更改列类型】对话框，单击【替换当前转换】按钮。重复以上步骤，将其余各月份销售明细表中的【下单时间】列的数据类型全部更改为【时间】。

05 单击【减少行】组中的【删除行】按钮的下半部分，在弹出的下拉列表中选择【删除空行】选项。重复以上操作，将其余各月份销售明细表中的空行全部删除。

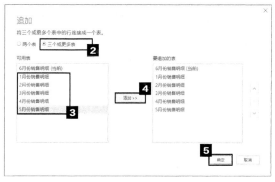

06 单击【组合】组中的【追加查询】按钮，弹出【追加】对话框，选中【三个或更多表】单选钮，在【可用表】列表框中选中除当前表之外的其他所有表，单击【添加】按钮，单击【确定】按钮。

07 追加完成后，单击【Power Query编辑器】窗口中的【关闭并上载】按钮的上半部分。

稍等几秒即可完成数据的合并。可以看到在默认的空白工作表Sheet1的前面会生成6个新的工作表，只有"6月份销售明细"是追加查询的1~6月份的销售明细数据，将其他工作表删除，只保留"6月份销售明细"工作表，并将其重命名为"上半年销售数据"。

6.2.2 不同工作簿的多表合并

左下图所示的文件夹中包含了1~6月份的销售明细工作簿，每个工作簿中都存放着当月的销售明细数据，如右下图所示。

将该文件夹中的所有工作簿进行合并的具体操作步骤如下。

配套资源
第6章\1~6月份销售数据—原始文件
第6章\1~6月份销售数据—最终效果

请观看视频

01 新建一个空白工作簿，并将其重命名为"1~6月份销售数据—最终效果"。切换到【数据】选项卡，单击【获取数据】按钮，在弹出的下拉列表中选择【来自文件】→【从文件夹】选项。

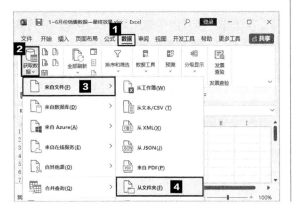

02 在弹出的【浏览】对话框中找到"1~6月份销售数据—原始文件"文件夹，单击【打开】按钮。

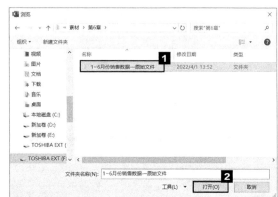

03 弹出的窗口中显示了选中文件夹中的所有工作簿，直接单击【转换数据】按钮。

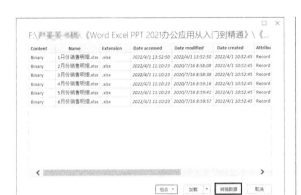

进入【Power Query编辑器】窗口后，首先观察各列信息，只有【Content】列的数据是有用的，而其他列都是无用的，需要将它们删除。

04 选中【Content】列，单击【管理列】组中【删除列】按钮的下半部分，在弹出的下拉列表中选择【删除其他列】选项。

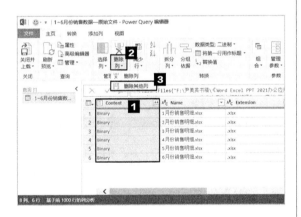

删除其他列后，发现【Content】列的数据内容仍无法正常显示，这是因为【Content】列显示的是二进制数据，而二进制数据是无法直接提取的，此时需要添加列，然后使用公式将【Content】列的数据提取出来。

05 切换到【添加列】选项卡，单击【常规】组中的【自定义列】按钮，弹出【自定义列】对话框，将【新列名】改为"汇总表"，在【自定义列公式】文本框中输入公式，单击【确定】按钮。

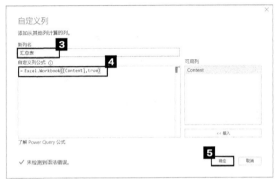

公式中的 Excel.Workbook 函数主要用于从 Excel 工作簿中返回工作表的记录。其语法结构如下。

Excel.Workbook(要转换的二进制字段, 逻辑值)

函数的第一个参数为要转换的二进制字段，即本实例的【Content】列，可以在【自定义列】对话框的【可用列】列表框中双击输入，不必手动输入；第二个参数为逻辑值，若使用第一行作为标题则输入"true"，否则可以输入"false""null"或者不输入。本实例要使用第一行作为标题，因此输入"true"。

06 单击【汇总表】列右侧的扩展按钮，在弹出的下拉菜单中单击【确定】按钮。

07 可以看到，由【汇总表】列展开的其他列中仍然有一个列的右侧有扩展按钮，说明该列中还有部分列没有被展开。单击【汇总表.Data】列右侧的扩展按钮，在弹出的下拉菜单中单击【确定】按钮。

将所有的列都展开后，需要删除无用列，并更改含有日期和时间数据的列的数据类型。

08 选中【汇总表.Data】列前后的几个无用列，切换到【主页】选项卡，单击【管理列】组中【删除列】按钮的下半部分，在弹出的下拉列表中选择【删除列】选项。

09 选中【汇总表.Data.下单日期】列，切换到【主页】选项卡，单击【数据类型：任意】按钮，在弹出的下拉列表中选择【日期】选项。

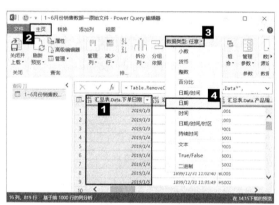

10 选中【汇总表.Data.下单时间】列，切换到【主页】选项卡，单击【数据类型：任意】按钮，在弹出的下拉列表中选择【时间】选项。

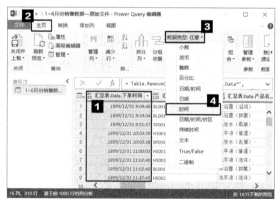

11 上述操作完成后，单击【关闭并上载】按钮的上半部分。

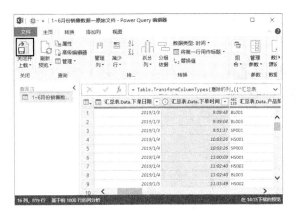

稍等几秒即可完成数据的合并。可以看到在默认的3个空白工作表前面会生成一个新的工作表"1~6月份销售数据—原始文件"，将其重命名为"1~6月份销售数据"，然后将3个空白工作表删除，也可以将标题名称中的"汇总表.Data."删除，最终效果如下图所示。

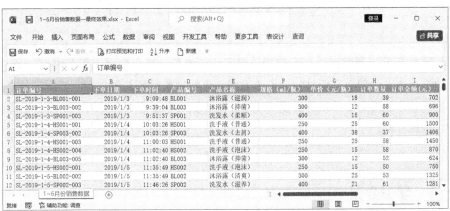

第7章

数据透视表，
数据汇总很简单

　　本章主要讲解数据透视表的相关内容，和函数一样，数据透视表也是Excel学习中的重点内容，使用它能够快速汇总数据，还能够借助切片器、数据透视图等对原始数据进行多维度分析。学好数据透视表，能让繁杂的数据规律地呈现，实现数据的高效汇总与分析。

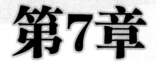 **学习导图**

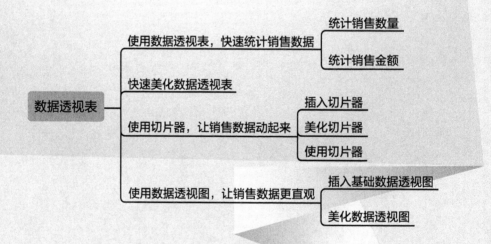

7.1 使用数据透视表，快速统计销售数据

在统计销售数据时，如果采用筛选后再逐个填写的方式，效率会非常低，而使用数据透视表能快速统计出工作表中成千上万的数据，从而提高工作效率。

7.1.1 统计销售数量

在工作中遇到统计销售数量的需求，如何快速按列或按行来统计呢？操作方法如下。

1. 按列统计销售数量

配套资源
第7章\销售明细表—原始文件
第7章\销售明细表—最终效果

请观看视频

01 打开本实例的原始文件，选中工作表中的任意一个单元格，切换到【插入】选项卡，单击【表格】组中的【数据透视表】按钮，在弹出的下拉列表中选择【表格和区域】选项。

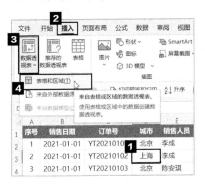

02 弹出【来自表格或区域的数据透视表】对话框，保持默认设置不变，单击【确定】按钮。

03 新建了一个工作表"Sheet2"，在【数据透视表字段】任务窗格中，将【商品名称】和【数量】字段依次拖曳至【行】区域和【值】区域中。

04 在工作表"Sheet2"左侧便会显示数据透视表，并展示出所需的汇总数据。

行标签	求和项:数量
黄鱼干	9848
开心果	13324
松子	9675
杏仁	18553
腰果	17454
椰子糖	13078
鱿鱼丝	9814
总计	91746

2. 按行统计销售数量

在工作中不仅会遇到按列统计数据的需求，也会遇到按行统计数据的需求。下面演示按行统计数据并将数据透视表与原始数据放在同一个工作表中的具体操作步骤。

■■ **01** 打开本实例的原始文件，选中工作表中的任意一个单元格，切换到【插入】选项卡，在【表格】组中单击【数据透视表】按钮，在弹出的下拉列表中选择【表格和区域】选项。

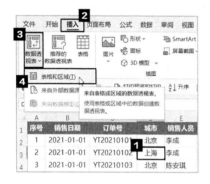

■■ **02** 在弹出的【来自表格或区域的数据透视表】对话框中选中【现有工作表】单选钮，将光标定位到【位置】文本框中，然后选中工作表中的N1单元格，单击【确定】按钮。

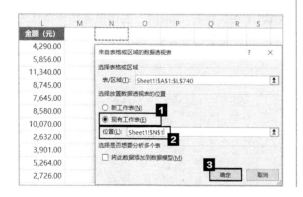

■■ **03** 弹出【数据透视表字段】任务窗格，将【商品名称】和【数量】字段依次拖曳至【列】区域和【值】区域。

■■ **04** 从工作表的N1位置开始，即可得到按行统计的汇总数据。

提示

修改明细表后，数据透视表需要重新制作吗？

不需要。修改明细表后，只需要在数据透视表的任意位置单击鼠标右键，在弹出的快捷菜单中选择【刷新】选项即可更新数据透视表。

7.1.2 统计销售金额

统计销售金额的方法与统计销售数量的方法类似，本小节着重讲解在实际工作中如何按一维、二维、三维去统计销售金额。

配套资源
第7章\销售明细表02—原始文件
第7章\销售明细表02—最终效果
请观看视频

1. 按商品名称一个维度统计销售金额

01 打开本实例的原始文件，选中工作表中的任意一个单元格，切换到【插入】选项卡，单击【表格】组中的【数据透视表】按钮，在弹出的下拉列表中选择【表格和区域】选项。

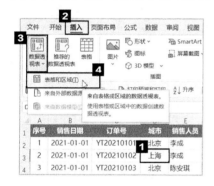

02 弹出【来自表格或区域的数据透视表】对话框，保持默认设置不变，然后单击【确定】按钮。

03 新建了一个工作表"Sheet2"，在【数据透视表字段】任务窗格中，将【商品名称】和【金额（元）】字段依次拖曳至【行】区域和【值】区域中。

04 在工作表"Sheet2"左侧便会显示相应的汇总数据。

2. 按商品名称和销售人员两个维度统计销售金额

按商品名称和销售人员两个维度统计销售金额，最终会得到一个二维表，下面是具体的操作步骤。

01 在【数据透视表字段】任务窗格中，将【销售人员】字段拖曳至【列】区域中，其他保持不变。

02 在工作表 "Sheet2" 左侧便会出现相应的汇总数据。

3	求和项:金额 (元)	列标签						
4	行标签	陈安琪	陈玲	陈璐	李成	李好运	刘振亚	王萍	总计
5	黄鱼干	49008	44976	48672	168624	57024	62352	36912	467568
6	开心果	78122	70225	172674	138065	86284	79818	63494	688682
7	松子	51310	65800	50680	122990	191240	75950	55580	613550
8	杏仁	78067	198058	78302	139637	145465	130143	118769	888441
9	腰果	64240	101970	142615	185900	129250	296010	103235	1023220
10	椰子糖	65888	78590	64380	149176	124700	79054	198244	760032
11	鱿鱼丝	175398	73470	43524	119040	77314	126108	30814	645668
12	总计	562033	633089	600847	1023432	811277	849435	607048	5087161

3. 按商品名称、销售人员和城市3个维度统计销售金额

01 在以上得到的二维表的基础上，将城市作为筛选项。在【数据透视表字段】任务窗格中，将【城市】字段拖曳至【筛选】区域中，其他保持不变。

02 在工作表 "Sheet2" 左侧便会出现相应的汇总数据。

1	城市		(全部)						
2									
3	求和项:金额 (元)	列标签							
4	行标签	陈安琪	陈玲	陈璐	李成	李好运	刘振亚	王萍	总计
5	黄鱼干	49008	44976	48672	168624	57024	62352	36912	467568
6	开心果	78122	70225	172674	138065	86284	79818	63494	688682
7	松子	51310	65800	50680	122990	191240	75950	55580	613550
8	杏仁	78067	198058	78302	139637	145465	130143	118769	888441
9	腰果	64240	101970	142615	185900	129250	296010	103235	1023220
10	椰子糖	65888	78590	64380	149176	124700	79054	198244	760032
11	鱿鱼丝	175398	73470	43524	119040	77314	126108	30814	645668
12	总计	562033	633089	600847	1023432	811277	849435	607048	5087161

03 单击数据透视表区域中【城市】右侧的下拉按钮，从弹出的下拉列表中选择需要查看的城市，如北京，单击【确定】按钮，即可在不同城市的数据之间进行切换。

提示

数据透视表只能用来求和吗？

不是。除了求和，使用数据透视表还可以对数据进行计数、求平均值、求最大值、求最小值、求乘积等。

在数据透视表值区域的任意位置单击鼠标右键，在弹出的快捷菜单中选择【值汇总依据】选项，可以看到多种汇总方式，根据需要选择即可。

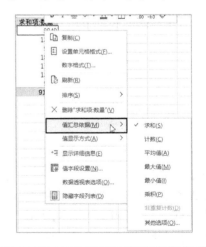

7.2 快速美化数据透视表

使用数据透视表汇总数据很高效，但默认的数据透视表样式不是很美观，这是因为数据透视表默认以大纲形式显示。下面介绍如何快速美化数据透视表。

配套资源
第7章\销售明细表03—原始文件
第7章\销售明细表03—最终效果

请观看视频

01 打开本实例的原始文件，选中数据透视表区域中的任意一个单元格，切换到【设计】选项卡。

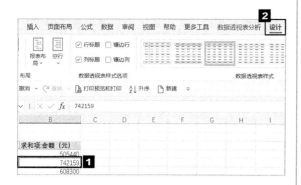

02 在【布局】组中单击【报表布局】按钮，在弹出的下拉列表中选择【以表格形式显示】选项，将数据透视表以表格形式显示。

03 选中B4:B11单元格区域，切换到【开始】选项卡，在【数字】组中单击【千位分隔样式】按钮。

04 数据透视表中的数字被设置为千位分隔样式，效果如下图所示。

商品名称	求和项:金额（元）
黄鱼干	505,440.00
开心果	742,159.00
松子	608,300.00
杏仁	898,969.00
腰果	1,052,645.00
椰子糖	719,780.00
鱿鱼丝	645,978.00
总计	5,173,271.00

05 选中数据透视表区域中的任意一个单元格，切换到【设计】选项卡，在【数据透视表样式】组中单击【其他】按钮。

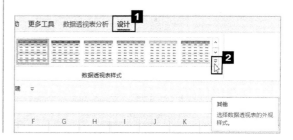

06 在弹出的下拉列表中选择【白色，数据透视表样式中等深浅8】选项。

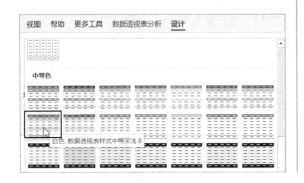

07 设置样式后的数据透视表如下图所示。

商品名称 ▼	求和项:金额（元）
黄鱼干	505,440.00
开心果	742,159.00
松子	608,300.00
杏仁	898,969.00
腰果	1,052,645.00
椰子糖	719,780.00
鱿鱼丝	645,978.00
总计	5,173,271.00

7.3 使用切片器，让销售数据动起来

Excel 中的切片器是一种筛选工具，在处理大量数据时，可以通过数据透视表中的切片器来筛选和查看数据。

7.3.1 插入切片器

配套资源
第7章\销售明细表04—原始文件
第7章\销售明细表04—最终效果

请观看视频

01 打开本实例的原始文件，选中数据透视表区域中的任意一个单元格，切换到【数据透视表分析】选项卡，在【筛选】组中单击【插入切片器】按钮。

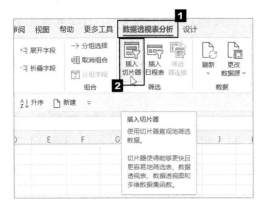

02 在弹出的【插入切片器】对话框中勾选【销售人员】复选框，单击【确定】按钮。

03 插入切片器后，可以拖动切片器四周的8个控制点来调整切片器的大小。

04 将调整好大小的切片器放在数据透视表右侧，效果如下图所示。

7.3.2 美化切片器

插入切片器之后，如果发现切片器与数据透视表的风格不相符，可以对切片器进行美化。

配套资源
第7章\销售明细表05—原始文件
第7章\销售明细表05—最终效果

请观看视频

01 打开本实例的原始文件，选中切片器，切换到【切片器】选项卡，在【切片器样式】组中单击【其他】按钮。

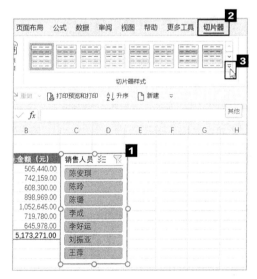

02 在弹出的下拉列表中选择【白色，切片器样式深色3】选项。

03 美化切片器后的效果如下图所示。

提示

美化切片器的原则是尽量使切片器和数据透视表的风格统一。

7.3.3　使用切片器

介绍了插入和美化切片器的方法后，下面介绍如何使用切片器。

配套资源
第7章\销售明细表06—原始文件
第7章\销售明细表06—最终效果

请观看视频

1. 在切片器上单选

直接单击切片器上的按钮即可进行筛选，具体操作如下。

01 打开本实例的原始文件，单击切片器上的按钮，例如【李成】。

02 在数据透视表中就会筛选出与【李成】相关的销售数据。

2. 在切片器上多选

在切片器上进行多选的具体操作如下。

01 打开本实例的原始文件，单击切片器上的【多选】按钮。

02 依次单击切片器上的【陈玲】【陈璐】【李成】按钮，在数据透视表中便会显示相应的数据。

3. 清除筛选

如果想要清除切片器中的筛选，可进行如下操作。

01 打开本实例的原始文件，单击切片器上的【清除筛选器】按钮。

02 切片器便会清除筛选，数据透视表也会恢复至初始状态。

7.4 使用数据透视图，让销售数据更直观

在使用数据透视表的过程中，如果发现数据透视表展现数据不够直观，不能一眼看出哪种商品销量最高，哪种商品销量最低，可以借助数据透视图来解决这些问题。数据透视表中自带数据透视图这项功能，可以满足数据展现的更高要求。

7.4.1 插入基础数据透视图

插入基础数据透视图的具体操作步骤如下。

配套资源
第7章\销售明细表07—原始文件
第7章\销售明细表07—最终效果

请观看视频

01 打开本实例的原始文件，选中数据透视表区域中的任意一个单元格，切换到【插入】选项卡。

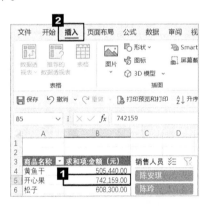

02 在【图表】组中单击【数据透视图】按钮的上半部分。

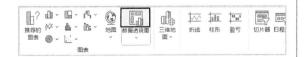

03 在弹出的【插入图表】对话框中选择【柱形图】选项，单击【确定】按钮。

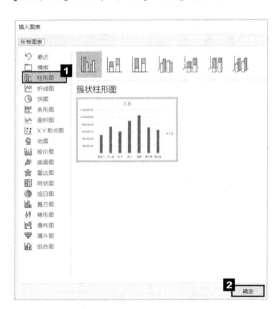

04 插入数据透视图后，将其放在数据透视表和切片器的中间，如下图所示。

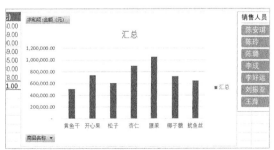

7.4.2 美化数据透视图

插入数据透视图后，可以对数据透视图进行美化。数据透视图的美化原则不是色彩越绚丽越好，而是要与整体版面相协调。

01 打开本实例的原始文件，选中数据透视图，单击右上角的【图表样式】按钮。

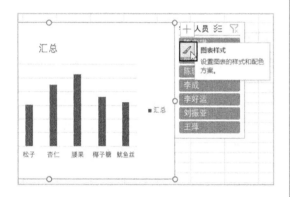

02 在【样式】选项卡中选择【样式3】选项，为数据透视图应用【样式3】样式。

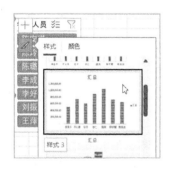

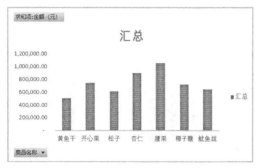

03 单击【图表样式】按钮，在【颜色】选项卡中选择【单色调色板7】选项，数据透视图的效果如下图所示。

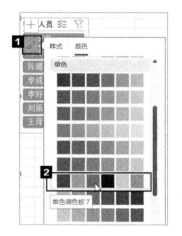

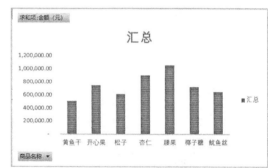

04 双击数据透视图的标题进入编辑状态，将标题内容改为"产品销量统计"。

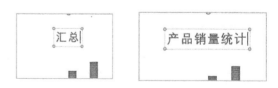

05 选中图例，按【Delete】键将其删除。

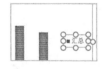

06 此时数据透视图的效果如下图所示。

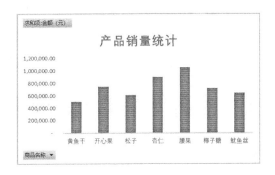

08 美化好的数据透视图如下图所示。

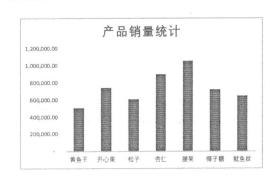

07 在其中一个字段按钮上单击鼠标右键，例如在"求和项：金额（元）"字段按钮上单击鼠标右键，在弹出的快捷菜单中选择【隐藏图表上的所有字段按钮】选项。

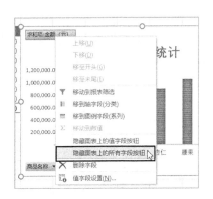

09 单击数据透视图右侧的切片器中的按钮，例如【陈璐】，数据透视图也会随之发生变化。

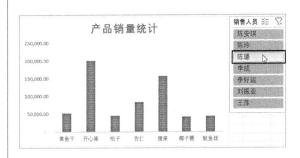

问题解答

如何计算销售占比

7.1节介绍了如何按照销售额来统计数据，那么如何利用数据透视表快速计算销售占比呢？具体方法如下。

01 在数据透视表"求和项：金额（元）"列的任意一个单元格上单击鼠标右键，在弹出的快捷菜单中选择【值显示方式】→【总计的百分比】选项。

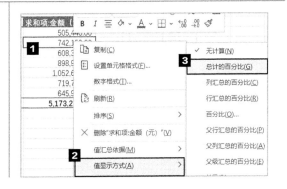

02 "求和项：金额（元）"列中的数据变为销售额占比数据。将列名修改为"销售额占比"。

商品名称 ▼	求和项:金额（元）
黄鱼干	9.77%
开心果	14.35%
松子	11.76%
杏仁	17.38%
腰果	20.35%
椰子糖	13.91%
鱿鱼丝	12.49%
总计	100.00%

商品名称 ▼	销售额占比
黄鱼干	9.77%
开心果	14.35%
松子	11.76%
杏仁	17.38%
腰果	20.35%
椰子糖	13.91%
鱿鱼丝	12.49%
总计	100.00%

如何制作日程表

01 选中数据透视表中的任意一个单元格，切换到【数据透视表分析】选项卡，单击【筛选】组中的【插入日程表】按钮。

02 在弹出的【插入日程表】对话框中勾选【销售日期】复选框，单击【确定】按钮。

03 插入的日程表如下图所示。

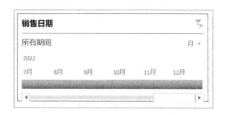

04 单击【月】右侧的下拉按钮，在弹出的下拉列表中选择需要的筛选时间段，例如选择【年】。

第8章

公式与函数的应用

读者在学习完Excel的基本操作之后，应该对Excel已经有了简单的理解和认识。其实Excel功能的强大也在于它提供了很多函数、公式来快速获取和统计工作中的数据。学会常见的Excel公式和函数的应用，工作时将会事半功倍。

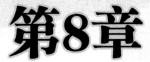 **学习导图**

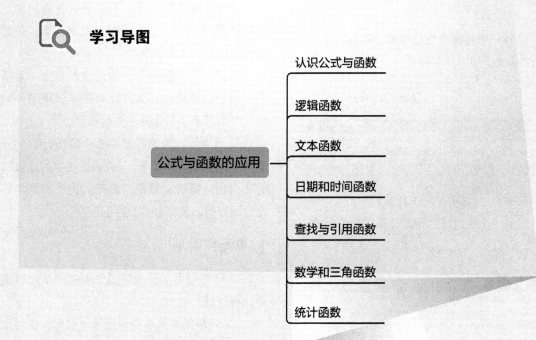

8.1 认识公式与函数

公式与函数是Excel中进行数据输入、统计、分析必不可少的工具之一。要想学好公式与函数，理清问题的逻辑思路是关键。

8.1.1 认识公式

Excel中的公式是以等号"="开头，通过运算符将数据和函数等元素按一定顺序连接在一起的表达式。在Excel中，凡是先输入"="，再输入其他数据的，都会被自动判定为公式。

下面以两个公式作为例子来加深读者对公式的理解。

公式1：=IF(MOD(MID(D2,17,1),2),"男","女")。

这是一个根据身份证号码倒数第二位提取性别的公式。

E2			f_x	=IF(MOD(MID(D2,17,1),2),"男","女")			
	A	B	C	D	E	F	G
1	员工编号	姓名	手机号码	身份证号	性别	生日	年龄
2	DN0001	施枫	131****0336	22****198106184029	女	1981-06-18	41
3	DN0002	吕立	156****0852	35****198010136294	男	1980-10-13	41
4	DN0003	孔怜云	130****7607	36****196506162991	男	1965-06-16	57

公式2：=(TODAY()-F2)/365。

这是一个通过出生日期计算年龄的公式。

G2			f_x	=(TODAY()-F2)/365			
	A	B	C	D	E	F	G
1	员工编号	姓名	手机号码	身份证号	性别	生日	年龄
2	DN0001	施枫	131****0336	22****198106184029	女	1981-06-18	41
3	DN0002	吕立	156****0852	35****198010136294	男	1980-10-13	41
4	DN0003	孔怜云	130****7607	36****196506162991	男	1965-06-16	57

公式由以下几种基本元素组成。

①等号"="。公式必须以等号开头。

②常量。常量包括常数和字符串，例如，公式1中的17、1、2都是常数，"男"和"女"是字符串，公式2中的365也是常数。

③单元格引用。单元格引用是指以单元格地址或名称来代表单元格中的数据进行计算。例如公式1中的D2，公式2中的F2。

④函数。函数也是公式中的元素之一，对一些特殊、复杂的运算，使用函数会更简单。例如公式1中的IF、MOD和MID都是函数，公式2中的TODAY也是函数。

⑤括号。一般每个函数后面都会跟一对括号，用于设置参数。另外括号还可以用于控制公式中各元素参与计算的先后顺序。

⑥运算符。运算符是将多个参与计算的元素连接起来的运算符号，Excel公式中的运算符包含引用运算符、算数运算符、文本运算符和比较运算符。例如公式2中的"/"。

1. 单元格引用

单元格引用用于标识工作表中的单元格或单元格区域。

Excel单元格的引用包括相对引用、绝对引用和混合引用3种。

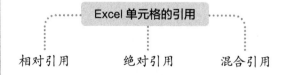

①相对引用。相对引用就是在公式中用列标和行号直接表示单元格，例如A5、B6等。当

某个单元格中的公式被复制到另一个单元格中时，原单元格中的公式的地址在新的单元格中就会发生变化，但其引用的单元格地址之间的相对位置间距不变。例如，在单元格A10中输入公式"=SUM(A2:A9)"，当将单元格A10中的公式复制到单元格C10中后，公式就会变成"=SUM(C2:C9)"。

②绝对引用。绝对引用就是在表示单元格的列标和行号前面加上"$"符号。其特点是在将单元格中的公式复制到新的单元格中时，公式中引用的单元格地址始终保持不变。例如，在单元格A10中输入公式"=SUM($A$2:$A$9)"，当将单元格A10中的公式复制到单元格C10中后，公式依然是"=SUM($A$2:$A$9)"。

③混合引用。混合引用包括绝对列和相对行，或者绝对行和相对列。绝对列和相对行是指列采用绝对引用，而行采用相对引用，例如$A1、$B1等；绝对行和相对列是指行采用绝对引用，而列采用相对引用，例如A$1、B$1等。在公式中如果采用混合引用，那么当公式所在的单元格位置改变时，绝对引用部分不变，相对引用部分发生改变。例如，在单元格A10中输入公式"=A$2"，当将单元格A10中的公式复制到单元格B11中时，公式就会变成"=B$2"。

> **提示**
>
> 【F4】键是用于转换引用方式的快捷键。连续按【F4】键，系统会依照相对引用、绝对引用、绝对行/相对列、绝对列/相对行、相对引用……这样的顺序循环。

2. 运算符

运算符是Excel公式中各操作对象的纽带，常用的运算符有算数运算符、文本运算符和比较运算符。

①算数运算符用于完成基本的算术运算，按运算的先后顺序，算数运算符包括负号（−）、百分号（%）、求幂（^）、乘号（＊）、除号（/）、加号（＋）、减号（−）。

②文本运算符用于两个或多个值的连接或将多个值串起来形成一个连续的文本值。文本运算符主要是文本连接运算符&。例如，公式"=A1&B1&C1"就是将单元格A1、B1、C1的数据连接起来组成一个新的文本。

③比较运算符用于比较两个值，并返回逻辑值TRUE或FLASE。比较运算符包括等于（=）、小于（<）、小于等于（<=）、大于（>）、大于等于（>=）、不等于（<>），常与逻辑函数搭配使用。

8.1.2 认识函数

1. 函数的基本构成

大部分函数由函数名称和参数两部分组成，即"函数名(参数1,参数2,…,参数n)"，例如"SUM(A1:A100)"用于对单元格区域A1:A100的数值进行求和。

还有小部分函数没有参数，例如"TODAY()"（用于获取系统的当前日期）。

2. 函数的种类

根据运算类别及应用行业的不同，Excel 2021中的函数可以分为逻辑函数、文本函数、日期和时间函数、查找与引用函数、数学和三角函数、统计函数等种类。

逻辑函数是一种用于进行真假值判断或复合检验的函数，是一类返回值为逻辑值TRUE或FALSE的函数。TRUE代表判断后的结果是真的、正确的，也可以用1表示；FALSE代表判断后的结果是假的、错误的，也可以用0表示。

8.2.1　IF 函数——判断一个条件是否成立

IF函数是一个逻辑函数，用来判断是否满足某个条件，如果满足则返回一个值，如果不满足则返回另一个值。IF函数的语法规则及图示如下。

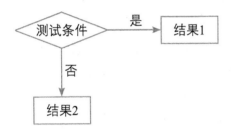

下面通过一个实例来介绍IF函数的用法。某公司规定员工绩效考评60分以下为不及格。

部门	岗位	绩效得分	等级		条件	等级
生产部	经理	93			60分以下	不及格
生产部	生产主管	91				
生产部	计划主管	69				

用IF函数来实现，即绩效得分低于60返回不及格，绩效得分为60及以上返回空值。

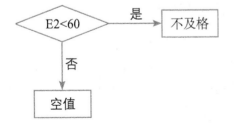

使用IF函数筛选出绩效不及格的员工的具体步骤如下。

配套资源
第8章\员工绩效考评表—原始文件
第8章\员工绩效考评表—最终效果

请观看视频

01 打开本实例的原始文件，选中单元格F2，切换到【公式】选项卡，在【函数库】组中单击【逻辑】按钮，在弹出的下拉列表中选择【IF】选项。

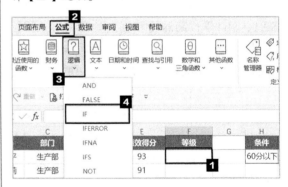

02 在弹出的【函数参数】对话框中输入判断条件"E2<60"，设置满足条件的结果1为"不及格"（输入后Excel自动为其添加英文半角双引号），设置不满足条件的结果2为空值""。

03 设置完毕后单击【确定】按钮，返回工作表，效果如下图所示。

	A	B	C	D	E	F
F2				=IF(E2<60,"不及格","")		
1	员工编号	姓名	部门	岗位	绩效得分	等级
2	SL0005	施树平	生产部	经理	93	
3	SL0006	褚宗莉	生产部	生产主管	91	
4	SL0007	戚可	生产部	计划主管	69	

04 将鼠标指针移动到单元格F2的右下角，双击，将公式带格式地填充到F2下方的单元格区域，效果如右图所示。

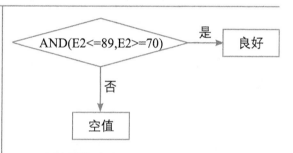

	A	B	C	D	E	F
1	员工编号	姓名	部门	岗位	绩效得分	等级
2	SL0005	施树平	生产部	经理	93	
3	SL0006	褚宗莉	生产部	生产主管	91	
4	SL0007	戚可	生产部	计划主管	69	
5	SL0008	吴苹	生产部	组长	100	
6	SL0009	卜梦	技术部	经理	71	
7	SL0010	吴倩	生产部	产线物料员	72	
8	SL0011	秦红恋	技术部	设计工程师	91	
9	SL0012	冯占博	生产部	生产操作员	85	
10	SL0013	秦紫君	生产部	生产操作员	93	
11	SL0014	陈婷	技术部	设计工程师	78	
12	SL0015	姜成龙	生产部	生产操作员	54	不及格
13	SL0016	冯馨语	采购部	主管	68	
14	SL0017	孔向萍	品管部	QC主管	56	不及格
15	SL0018	魏金花	生产部	生产操作员	70	

8.2.2 AND 函数——判断多个条件是否成立

AND函数是用来判断多个条件是否同时成立的逻辑函数，其语法格式如下。

> **AND(条件 1, 条件 2,…)**

AND函数的特点是：在众多条件中，只有全部条件均为真时，其逻辑值才为真；只要有一个条件为假，其逻辑值为假，如下表所示。

条件1	条件2	逻辑值
真	真	真
真	假	假
假	真	假
假	假	假

由于使用AND函数后的结果是一个逻辑值TRUE或FALSE，不能直接参与数据计算与处理，因此该函数一般需要与其他函数嵌套使用。

IF函数只适用于一个条件的判断，在实际工作中，经常需要同时对几个条件进行判断。例如，要判断员工绩效考评是否良好，即绩效得分既要不低于70又要不高于89，此时只使用IF函数是无法做出判断的，这时就需要嵌套使用AND函数，其逻辑关系如右上图所示。

AND(E2<=89,E2>=70) —是→ 良好

否↓

空值

具体操作步骤如下。

	配套资源
	第8章\员工绩效考评表01—原始文件
	第8章\员工绩效考评表01—最终效果

请观看视频

01 打开本实例的原始文件，选中单元格F2，切换到【公式】选项卡，在【函数库】组中单击【逻辑】按钮，在弹出的下拉列表中选择【IF】选项。

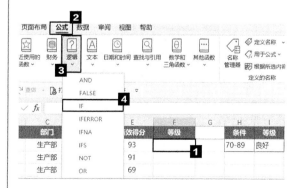

02 弹出【函数参数】对话框，将满足条件的结果1设为"良好"（输入后Excel自动为其添加英文半角双引号），不满足条件的结果2设为空值""。

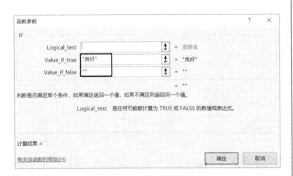

03 将光标置于第一个参数文本框中，单击工作表中函数名称框右侧的下拉按钮，在弹出的下拉列表中选择【其他函数】选项（如果下拉列表中有【AND】选项，也可以直接选择【AND】选项）。

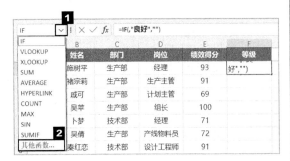

04 弹出【插入函数】对话框，在【或选择类别】下拉列表中选择【逻辑】选项，在【选择函数】列表框中选择【AND】选项。

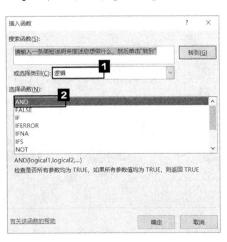

05 单击【确定】按钮，弹出AND函数的【函数参数】对话框，依次在两个文本框中输入参数"E2>=70"和"E2<=89"。

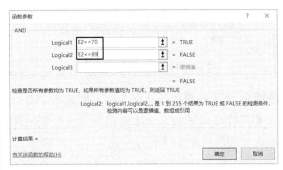

06 单击【确定】按钮，返回工作表，效果如下图所示。

07 按照上述方法将单元格F2中的公式填充到其下方的单元格区域中，效果如下图所示。

	A	B	C	D	E	F
1	员工编号	姓名	部门	岗位	绩效得分	等级
2	SL0005	施树平	生产部	经理	93	
3	SL0006	褚宗莉	生产部	生产主管	91	
4	SL0007	戚可	生产部	计划主管	69	
5	SL0008	吴苹	生产部	组长	100	
6	SL0009	卜梦	技术部	经理	71	良好
7	SL0010	吴倩	生产部	产线物料员	72	良好
8	SL0011	秦红恋	技术部	设计工程师	91	
9	SL0012	冯占博	生产部	生产操作员	85	良好
10	SL0013	秦紫君	生产部	生产操作员	93	
11	SL0014	陈婷	技术部	设计工程师	78	良好
12	SL0015	姜成龙	生产部	生产操作员	54	
13	SL0016	冯馨语	采购部	主管	68	
14	SL0017	孔向萍	品管部	QC主管	56	
15	SL0018	魏金花	生产部	生产操作员	70	良好

8.2.3　OR 函数——判断多个条件中是否有条件成立

OR函数的功能是对公式中的条件进行连接，且这些条件中只要有一个为真，其结果就为真。其语法格式如下。

OR(条件 1, 条件 2,...)

OR函数的特点：在众多条件中，只要有一个条件为真，其逻辑值就为真；只有全部条件都为假时，其逻辑值才为假，如下表所示。

条件1	条件2	逻辑值
真	真	真
真	假	真
假	真	真
假	假	假

OR函数与AND函数一样，其结果也是一个逻辑值TRUE或FALSE，不能直接参与数据计算和处理，因此该函数一般需要与其他函数嵌套使用。

例如，要判断员工绩效考评是否需要重点关注，即绩效得分不低于90，或者绩效得分不高于60，此时只使用IF函数是无法做出判断的，需要嵌套使用OR函数，其逻辑关系如下图所示。

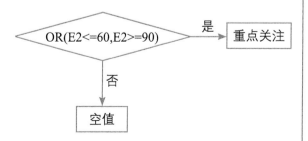

具体操作步骤如下。

配套资源
第8章\员工绩效考评表02—原始文件
第8章\员工绩效考评表02—最终效果

请观看视频

01 打开本实例的原始文件，选中单元格F2，切换到【公式】选项卡，在【函数库】组中单击【逻辑】按钮，在弹出的下拉列表中选择【IF】选项。

02 弹出【函数参数】对话框，将满足条件的结果1设为"重点关注"，不满足条件的结果2设为空值""。

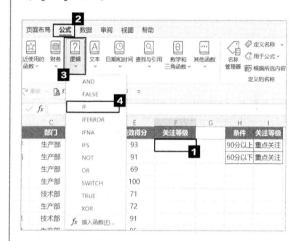

03 将光标置于第一个参数判断条件所在的文本框中，单击工作表中函数名称框右侧的下拉按钮，在弹出的下拉列表中选择【其他函数】选项（如果下拉列表中有【OR】选项，也可以直接选择【OR】选项）。

04 弹出【插入函数】对话框，在【或选择类别】下拉列表中选择【逻辑】选项，在【选择函数】列表框中选择【OR】选项。

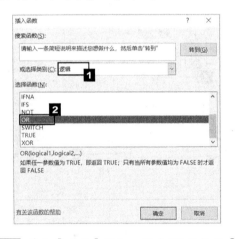

05 单击【确定】按钮，弹出OR函数的【函数参数】对话框，依次在两个参数文本框中输入参数"E2<=60"和"E2>=90"。

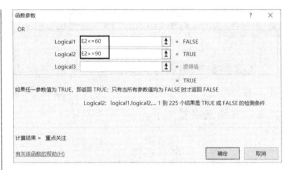

06 单击【确定】按钮，返回工作表，效果如下图所示。

姓名	部门	岗位	绩效得分	关注等级
施树平	生产部	经理	93	重点关注
褚宗莉	生产部	生产主管	91	

07 按照上述方法将单元格F2中的公式填充到其下方的单元格区域中。

姓名	部门	岗位	绩效得分	关注等级
施树平	生产部	经理	93	重点关注
褚宗莉	生产部	生产主管	91	重点关注
戚可	生产部	计划主管	69	
吴苹	生产部	组长	100	重点关注
卜梦	技术部	经理	71	
吴倩	生产部	产线物料员	72	
秦红恋	技术部	设计工程师	91	重点关注
冯占博	生产部	生产操作员	85	

8.2.4 IFS 函数——检查多个条件中是否有条件成立

IFS函数用于检查是否满足一个或多个条件，并返回与第一个满足的条件对应的值。其语法格式如下。

> **IFS(条件 1, 结果 1, 条件 2, 结果 2,...)**

IFS函数可以替换多个嵌套的IF函数。下面以判断员工的绩效情况（60分以下的为"不及格"，60~69分的为"及格"，70~89分的为"良好"，90分以上的为"优秀"）为例，介绍IFS函数的使用。其逻辑关系如右图所示。

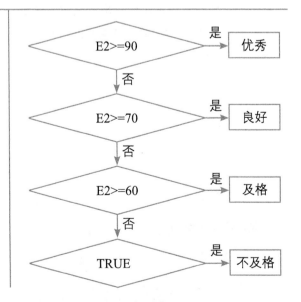

具体操作步骤如下。

01 打开本实例的原始文件，选中单元格F2，切换到【公式】选项卡，在【函数库】组中单击【逻辑】按钮，在弹出的下拉列表中选择【IFS】选项。

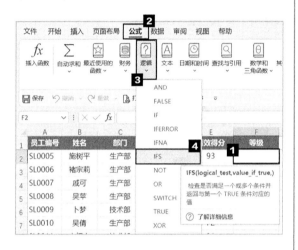

02 在弹出的【函数参数】对话框中依次输入4个条件及对应的结果。

03 单击【确定】按钮，返回工作表，将单元格F2中的公式填充到其下方的单元格区域中，效果如下图所示。

姓名	部门	岗位	绩效得分	等级		条件	等级
施树平	生产部	经理	93	优秀		90分以上	优秀
褚宗莉	生产部	生产主管	91	优秀		70~89	良好
戚可	生产部	计划主管	69	及格		60~69	及格
吴苹	生产部	组长	100	优秀		60分以下	不及格
卜梦	技术部	经理	71	良好			
吴倩	生产部	产线物料员	72	良好			
秦红恋	技术部	设计工程师	91	优秀			

公式：=IFS(E2>=90,"优秀",E2>=70,"良好",E2>=60,"及格",TRUE,"不及格")

IFS函数最多允许测试127个条件，而IF函数最多嵌套7层，所以对于多个条件限定的判断，使用IFS函数更合适。

8.3 对"员工信息表"使用文本函数

文本函数是指可以用来在公式中处理字符串的函数。常用的文本函数有LEN、MID、LEFT、RIGHT、FIND、TEXT等，下面分别进行介绍。

8.3.1 LEN 函数——计算文本的长度

LEN函数是一个用于计算文本长度的函数。其语法格式如下。

LEN(参数)

LEN函数只有一个参数，这个参数可以是单元格引用、定义的名称、常量或公式等，具体应用及说明可参照下表。

公式	运算结果	公式说明
=LEN("函数")	2	参数是两个汉字组成的字符串，所以运算结果为2
=LEN("hanshu")	6	参数是6个字母组成的字符串，所以运算结果为6
=LEN("函 数")	3	两个汉字之间有一个空格，空格也算一个字符，所以运算结果为3
=LEN("A2")	5	假设单元格A2中的内容是数字10000，所以运算结果为5

LEN函数计算的是字符的长度，而字符长度在实际计算、分析数据的过程中并没有直接意义，因此在实际工作中，更多的是将LEN函数与数据验证或者与其他函数（如IF、IFS等函数）结合使用。下面以具体实例来讲解如何将LEN函数与数据验证或其他函数相结合。

1. 数据验证与LEN函数

第6章讲解了如何通过数据验证功能限定手机号码的长度。学习LEN函数之后，也可以结合LEN函数与数据验证来限定手机号码的长度。具体操作步骤如下。

配套资源
第8章\员工信息表—原始文件
第8章\员工信息表—最终效果

请观看视频

01 打开本实例的原始文件，选中单元格区域C2:C690，切换到【数据】选项卡，在【数据工具】组中单击【数据验证】按钮的上半部分。若弹出下图所示的提示框，单击【确定】按钮。

02 在弹出的【数据验证】对话框中切换到【设置】选项卡，在【允许】下拉列表中选择【自定义】选项，在【公式】文本框中输入"=LEN(C2)=11"。

03 切换到【出错警告】选项卡，在【错误信息】文本框中输入信息。

04 设置完毕后单击【确定】按钮，返回工作表，当在单元格区域C2:C690中输入的手机号码不是11位时，就会弹出提示框。

05 单击【重试】按钮，可重新输入手机号码。

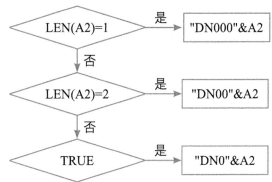

接下来根据这个逻辑关系来输入函数。由于要在原编号的基础上生成新的编号，所以需要将新编号放在一个新列中（如N列），然后再将其复制粘贴回A列，具体操作步骤如下。

配套资源

第8章\员工信息表01—原始文件

第8章\员工信息表01—最终效果

请观看视频

01 打开本实例的原始文件，选中单元格N2，切换到【公式】选项卡，在【函数库】组中单击【逻辑】按钮，在弹出的下拉列表中选择【IFS】选项。

2. LEN函数与IFS函数的嵌套使用

目前员工信息表中的员工编号都是纯数字，而且数字位数不同，为了使编号统一，公司对员工编号设置了新的编号规则，即公司名称首字母大写加上4位数字，不足4位的用0补齐，例如DN0001。

在进行实际操作之前，先分析一下这个问题的条件和结果。

①编号为一位数字的，需要在该数字前面补3个0，然后在最前面添加DN。

②编号为两位数字的，需要在该数字前面补两个0，然后在最前面添加DN。

③编号为3位数字的，需要在该数字前面补一个0，然后在最前面添加DN。

本实例中由于有3个不同的条件，故需要使用IFS函数，又涉及编号长度的限定，因此还需要使用LEN函数，其逻辑关系如下。

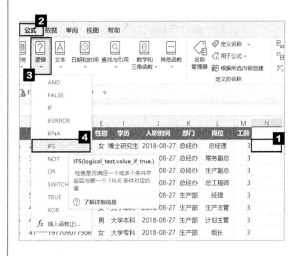

02 在弹出的【函数参数】对话框中依次输入3个条件及对应的结果（可以参照前文嵌套函数的输入方式，或者直接在参数文本框中填写）。

03 单击【确定】按钮，返回工作表，将单元格N2中的公式填充到其下方的单元格区域中。效果如右上图所示。

04 设置完毕后将N列中的新编号复制粘贴到A列（使用选择性粘贴的数值功能，此处不展示具体步骤），并将N列数据删除，如下图所示。

8.3.2 MID 函数——从字符串中截取字符

MID函数的主要功能是从一个文本字符串的指定位置开始，截取指定数目的字符。其语法格式如下。

MID(字符串，截取字符的起始位置，字符个数)

在员工信息表中，员工身份证号码中包含员工生日信息。从第7位号码开始，字符个数是8个。所以函数的各参数如下："字符串"是身份证号码，"截取字符的起始位置"是"7"，"字符个数"是"8"。

将MID函数的各个参数分析清楚后，就可以使用该函数了，具体操作步骤如下。

配套资源
第8章\员工信息表02—原始文件
第8章\员工信息表02—最终效果

请观看视频

01 打开本实例的原始文件，选中单元格F2，切换到【公式】选项卡，在【函数库】组

中单击【文本】按钮，在弹出的下拉列表中选择【MID】选项。

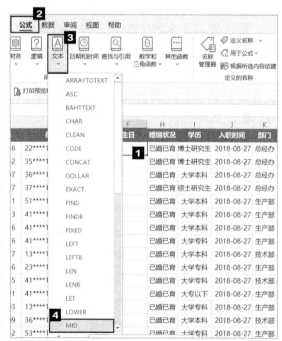

02 在弹出的【函数参数】对话框中依次输入3个参数。

03 单击【确定】按钮，返回工作表，将单元格F2中的公式填充到其下方的单元格区域中，效果如下图所示。

D	E	F	H	I	J	K
身份证号	性别	生日	婚姻状况	学历	入职时间	部门
22****198106184029	女	19810618	已婚已育	博士研究生	2018-08-27	总经办
35****198010136294	男	19801013	已婚已育	博士研究生	2018-08-27	总经办
36****196506162991	男	19650616	已婚已育	大学本科	2018-08-27	总经办
37****198610121724	女	19861012	已婚已育	硕士研究生	2018-08-27	总经办
51****198806235138	男	19880623	已婚已育	大学本科	2018-08-27	生产部
41****19720809368X	女	19720809	已婚已育	大学本科	2018-08-27	生产部
41****197404026898	男	19740402	已婚已育	大学本科	2018-08-27	生产部

8.3.3 LEFT 函数——从字符串左侧截取字符

LEFT函数的主要功能是从一个字符串的左侧开始截取指定个数的字符。其语法格式如下。

LEFT(字符串 , 截取的字符个数)

在员工信息表中，可以从员工的生日信息中截取员工的出生年份，由于出生年份位于员工生日信息的最左侧，因此可以使用LEFT函数将其提取出来。"字符串"参数就是员工生日，因为出生年份是4位，所以"截取的字符个数"是"4"。

将函数的各个参数分析清楚后，就可以使用函数了，具体操作步骤如下。

配套资源
第8章\员工信息表03—原始文件
第8章\员工信息表03—最终效果

请观看视频

01 打开本实例的原始文件，选中单元格H2，切换到【公式】选项卡，在【函数库】组中单击【文本】按钮，在弹出的下拉列表中选择【LEFT】选项。

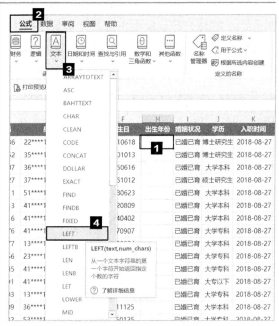

02 在弹出的【函数参数】对话框中依次输入两个参数。

03 单击【确定】按钮，返回工作表，将单元格H2中的公式填充到其下方的单元格区域中，效果如右图所示。

8.3.4 RIGHT 函数——从字符串右侧截取字符

RIGHT函数的主要功能是从一个字符串的右侧开始截取指定个数的字符。其语法格式如下。

RIGHT(字符串，截取的字符个数)

在员工信息表中，从员工生日信息中截取员工出生的月、日，由于出生月、日位于员工生日信息的最右侧，可以使用RIGHT函数将其提取出来。"字符串"参数就是员工生日，因为出生月、日是4位，所以"截取的字符个数"是"4"。

将函数的各个参数分析清楚后，就可以使用函数了，具体操作步骤如下。

01 打开本实例的原始文件，选中单元格I2，切换到【公式】选项卡，在【函数库】组中单击【文本】按钮，在弹出的下拉列表中选择【RIGHT】选项。

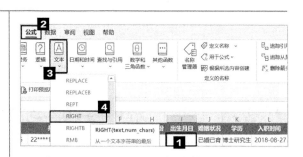

02 在弹出的【函数参数】对话框中依次输入两个参数。

03 单击【确定】按钮，返回工作表，将单元格I2中的公式填充到其下方的单元格区域中，效果如下图所示。

8.3.5 FIND 函数——查找指定字符的位置

FIND函数的主要功能是从一个字符串中查找指定字符的位置。其语法格式如下。

FIND(指定字符，字符串，开始查找的起始位置)

以员工信息表为例，假设要查找单元格H2中"-"出现的位置，则公式"=FIND("-",H2)"的结果为2。这里省略了该函数的第3个参数，表明从字符串的第1个字符开始查找，要找的"-"位于第2个字符的位置。

由这个例子可知FIND函数最终返回的结果是一个数字，它对于数据的计算与分析没有什么意义，所以，一般情况下FIND函数需要与其他函数嵌套使用。

还是以上图所示的表为例，从"楼栋房号"信息中提取出楼层。因为楼层数是紧跟在"-"后面的两个字符，所以只需要嵌套使用MID函数和FIND函数就可以了。MID作为主函数，H2是其第1个参数；FIND函数找到"-"的位置后再加1，就是MID函数中指定字符的开始位置；要截取的字符数为2。具体操作步骤如下。

配套资源
第8章\员工信息表05—原始文件
第8章\员工信息表05—最终效果

请观看视频

01 打开本实例的原始文件，选中单元格I2，切换到【公式】选项卡，在【函数库】组中单击【文本】按钮，在弹出的下拉列表中选择【MID】选项。

02 在弹出的【函数参数】对话框中依次输入3个参数。

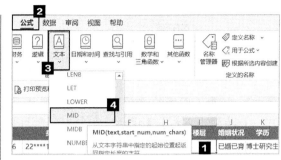

03 单击【确定】按钮，返回工作表，将单元格I2中的公式填充到其下方的单元格区域中，效果如下图所示。

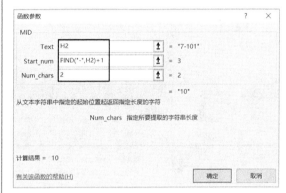

8.3.6　TEXT 函数——将数字转换为指定格式的文本

TEXT函数主要用来将数字转换为指定格式的文本。其语法格式如下。

TEXT(数字，格式代码)

前文介绍了如何从员工的身份证号码中提取员工的生日信息，提取出的生日日期的默认显示格式是"00000000"，但是这样的显示格式不一定符合要求。如果要让员工的生日日期按指定格式显示，就需要使用TEXT函数。例如公式"=TEXT(E2,"0000-00-00")"用于将E2单元格中的数据"20181201"显示为2018-12-01。如果嵌套使用TEXT函数与MID函数，可以直接从身份证号码中提取出指定格式的员工生日日期。具体操作步骤如下。

01 打开本实例的原始文件，选中单元格F2，切换到【公式】选项卡，在【函数库】组中单击【文本】按钮，在弹出的下拉列表中选择【TEXT】选项。

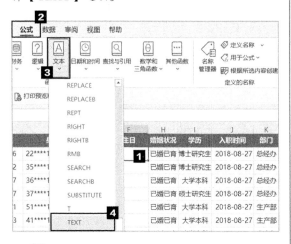

02 在弹出的【函数参数】对话框中依次输入两个参数。

03 单击【确定】按钮，返回工作表，将单元格F2中的公式填充到其下方的单元格区域中，效果如下图所示。

8.4 对"贷款信息表"使用日期和时间函数

日期和时间函数是用来分析和处理日期和时间型数据的函数。常用的日期和时间函数有EDATE、TODAY等，下面分别进行介绍。

8.4.1 EDATE 函数——与指定日期相隔指定月数的日期

EDATE函数用来计算与指定日期相隔指定月数的日期。其语法格式如下。

EDATE(指定日期，以月数表示的期限)

贷款信息表中给出了贷款日期和贷款期限，且贷款期限是月数，可以使用EDATE函数

计算出最后还款日期。具体操作步骤如下。

01 打开本实例的原始文件，选中单元格H2，切换到【公式】选项卡，在【函数库】组中单击【日期和时间】按钮，在弹出的下拉列表中选择【EDATE】选项。

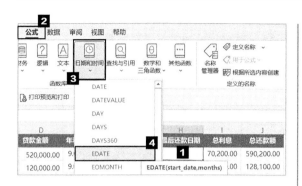

02 在弹出的【函数参数】对话框中依次输入两个参数。

03 单击【确定】按钮，返回工作表，将单元格H2中的公式填充到其下方的单元格区域中，效果如右上图所示。

=EDATE(B2,G2)

	贷款金额	年利率	月利率	贷款期限（月）	最后还款日期	总利息	总还款额
次	520,000.00	9.00%	0.75%	18	2022-12-25	70,200.00	590,200.00
次	120,000.00	9.00%	0.75%	9	2022-06-29	8,100.00	128,100.00
次	250,000.00	9.00%	0.75%	6	2021-10-26	11,250.00	261,250.00
次	370,000.00	9.00%	0.75%	5	2021-11-27	13,875.00	383,875.00
次	320,000.00	9.00%	0.75%	12	2022-12-27	28,800.00	348,800.00

提示

EDATE函数计算得到的是一个常规数字，所以在使用EDATE函数时，需要将单元格格式设置为【日期】格式。

EMONTH函数用来计算与指定日期相隔指定月数的月末的日期。其语法格式如下。

EMONTH(指定日期，以月数表示的期限)

EMONTH函数与EDATE函数的参数是一样的，只是返回的结果有所不同，EMONTH函数返回的是月末日期。

例如，本实例中 "=EDATE(B2,G2)" 返回的日期为2022-12-25，而 "=EMONTH(B2,G2)" 返回的日期为2022-12-31。

8.4.2 TODAY 函数——计算当前日期

TODAY函数的功能为以日期格式返回当前日期。其语法格式如下。

TODAY()

具体的语法可参照下表。

公式	运算结果
=TODAY()	当前日期
=TODAY()+5	从当前开始，5天后的日期
=TODAY()-5	从当前开始，5天前的日期

在贷款信息表中有最后还款日期，可以使用TODAY函数去计算距离最后还款日期的天数，方法是用最后还款日期减去当前日期。具体操作步骤如下。

配套资源
第8章\贷款信息表01—原始文件
第8章\贷款信息表01—最终效果

请观看视频

01 打开本实例的原始文件，在单元格K2中输入公式 "=H2-TODAY()"，输入完毕后按【Enter】键，向下填充公式到单元格底部。

最后还款日期	总利息	总还款额	倒计时
2022-12-25	70,200.00	590,200.00	390
2022-06-29	8,100.00	128,100.00	211
2021-10-26	11,250.00	261,250.00	-35
2021-11-27	13,875.00	383,875.00	-3
2022-10-27	28,800.00	348,800.00	331
2022-10-27	28,800.00	348,800.00	331
2022-09-27	42,900.00	562,900.00	301
2022-10-25	28,800.00	348,800.00	329
2022-10-26	31,200.00	351,200.00	330

02 选中K列，切换到【开始】选项卡。在【数字】组中的【数字格式】下拉列表中选择【常规】选项，正常显示倒计时天数。

提示

日期相加减默认得到的都是日期格式的数据，如果需要显示常规数字，就需要通过设置单元格格式来实现。

8.5 对"销售合同明细表"使用查找与引用函数

查找与引用函数用于在数据清单或表格中查找特定数值，或者查找某一单元格的引用。常用的查找与引用函数有VLOOKUP、HLOOKUP、MATCH、LOOKUP、XLOOKUP等，下面分别介绍这些函数。

8.5.1 VLOOKUP 函数——根据条件纵向查找指定数据

VLOOKUP函数的功能是根据指定的条件，在指定的数据列表或区域内，从数据列表或区域的第1列匹配满足指定条件的项目，然后从右侧的某列取出该项目对应的数据。其语法格式如下。

VLOOKUP(匹配条件 , 查找列表或区域 , 取数的列号 , 匹配模式)

参数解析如下。

①匹配条件：指定的查找条件。

②查找列表或区域：匹配条件所在的区域。匹配条件应该始终位于所选区域的第1列。

③取数的列号：指定从区域的哪列取数，此列号是从匹配条件那列开始向右计算的，即返回值所在的列要位于匹配条件的右侧。

④匹配模式：模糊匹配表示为 1或TRUE，精确匹配表示为 0或FALSE。

了解了VLOOKUP函数的基本原理，下面结合具体实例介绍这个函数的基本用法。

在整理销售合同明细表的数据时，发现【单位】列的内容缺失。要将其补充完整，可以直接从参数表中查找，如下页图所示。

E	F	G	H	I
商品名称	付款方式	单位	单价（元）	数量
酥心糖	三个月结		56.00	330
海米	月结		60.00	430
QQ糖	月结		45.00	680
海米	三个月结		60.00	230
海米	月结		60.00	430

销售合同明细表

A	B	C	D	E
商品名称	商品类别	规格	单位	单价（元）
酥心糖	糖果	800G	罐	56.00
海米	海鲜干货	300G	袋	60.00
QQ糖	糖果	1000G	袋	45.00
棉花糖	糖果	1500G	罐	69.00
巧克力	糖果	500G	袋	72.00
扇贝丁	海鲜干货	400G	袋	80.00
牛皮糖	糖果	2500G	罐	98.00

参数表

这是一个比较常见的VLOOKUP函数的应用实例。在这个例子中，使用VLOOKUP函数查找数据的逻辑关系如下。

①匹配条件：商品名称是两个表共有的信息，可以作为匹配条件，即销售合同明细表的"E2"。

②查找列表或区域：被查找区域位于参数表，参数表中匹配条件在A列，返回值在D列，因此查找区域为A列至D列区域。

③取数的列号：在参数表的A列至D列区域中，D列是从A列向右计数的第4列，所以取数列号是4。

④匹配模式：因为是精确匹配，所以该参数是0或FALSE。

具体操作步骤如下。

01 打开本实例的原始文件，选中单元格G2，切换到【公式】选项卡，在【函数库】组中单击【查找与引用】按钮，在弹出的下拉列表中选择【VLOOKUP】选项。

02 在弹出的【函数参数】对话框中依次输入4个参数（填写第2个参数时，将光标定位到第2个参数文本框中，切换到参数表中，选中表中A列至D列的数据即可）。

03 单击【确定】按钮，返回工作表，将单元格G2中的公式填充到其下方的单元格区域中，效果如下图所示。

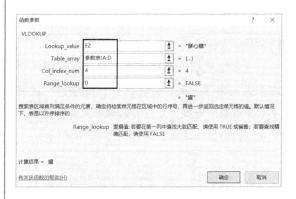

=VLOOKUP(E2,参数表!A:D,4,0)

C	D	E	F	G	H	I
客户名称	合同号	商品名称	付款方式	单位	单价（元）	数量
福到超市	NH20210102	酥心糖	三个月结	罐	56.00	330
鹏展超市	NH20210749	海米	月结	袋	60.00	430
开心超市	NH20210103	QQ糖	月结	袋	45.00	680
钱进超市	NH20210750	海米	三个月结	袋	60.00	230
李家超市	NH20210101	海米	月结	袋	60.00	430
百胜超市	NH20210105	棉花糖	月结	罐	69.00	230
爱琴海超市	NH20210104	海米	三个月结	袋	60.00	380
福到超市	NH20210107	巧克力	月结	袋	72.00	517
鹏展超市	NH20210109	巧克力	月结	袋	72.00	380

8.5.2 HLOOKUP 函数——根据条件横向查找指定数据

HLOOKUP函数的功能与VLOOKUP函数的功能相似，VLOOKUP函数可以实现按列查找，HLOOKUP函数可以实现按行查找。HLOOKUP函数的语法格式如下。

**HLOOKUP(匹配条件，查找列表或区域，
取数的行号，匹配模式)**

参数解析如下。

①匹配条件：指定的查找条件。

②查找列表或区域：匹配条件所在的区域。匹配条件应该始终位于所在区域的第1行。

③取数的行号：指定从区域的哪行取数，此行数是从匹配条件那行开始向下计算的。

④匹配模式：模糊匹配表示为 1或TRUE，精确匹配表示为 0或FALSE。

了解了HLOOKUP函数的基本原理，下面结合具体实例介绍这个函数的基本用法。

在整理销售合同明细表数据时，发现【单位】列的内容缺失。要将其补充完整，可以直接从参数表中查找（此处参数表中的数据是按行记录的，单位信息位于第4行），如下图所示。

E	F	G	H	I
商品名称	**付款方式**	**单位**	**单价（元）**	**数量**
酥心糖	三个月结		56.00	330
海米	月结		60.00	430
QQ糖	月结		45.00	680
海米	三个月结		60.00	230
海米	月结		60.00	430

销售合同明细表

	A	B	C	D	E	F	G	H
1	**商品名称**	**酥心糖**	**海米**	**QQ糖**	**棉花糖**	**巧克力**	**扇贝丁**	**牛皮糖**
2	商品类别	糖果	海鲜干货	糖果	糖果	糖果	海鲜干货	糖果
3	规格	800G	300G	1000G	1500G	500G	400G	2500G
4	单位	罐	袋	袋	罐	袋	袋	罐
5	单价（元）	56.00	60.00	45.00	69.00	72.00	80.00	98.00

参数表

这是一个比较常见的HLOOKUP函数的应用实例。在这个例子中，使用HLOOKUP函数查找数据的逻辑关系如下。

①匹配条件：商品名称是两个表共有的，可以作为匹配条件，即销售合同明细表的"E2"。

②查找列表或区域：被查找区域位于参数表，参数表中匹配条件所在的区域是参数表中的第1至4行。

③取数的行号：从参数表的第4行取数，故取数行号是4。

④匹配模式：因为是精确匹配，所以该参数是 0或FALSE。

具体操作步骤如下。

配套资源
第8章\销售合同明细表01—原始文件
第8章\销售合同明细表01—最终效果

请观看视频

01 打开本实例的原始文件，选中单元格G2，切换到【公式】选项卡，在【函数库】组中单击【查找与引用】按钮，在弹出的下拉列表中选择【HLOOKUP】选项。

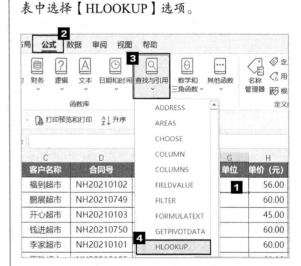

02 在弹出的【函数参数】对话框中依次输入4个参数（填写第2个参数时，将光标定位到第2个参数文本框中，切换到参数表中，选中表中第1行到第4行的数据）。

03 单击【确定】按钮，返回工作表，将单元格G2中的公式填充到其下方的单元格区域中，效果如下图所示。

	=HLOOKUP(E2,参数表!1:4,4,0)					
C	D	E	F	G	H	I
客户名称	合同号	商品名称	付款方式	单位	单价（元）	数量
福到超市	NH20210102	酥心糖	三个月结	罐	56.00	330
鹏展超市	NH20210749	海米	月结	#N/A	60.00	430
开心超市	NH20210103	QQ糖	月结	#N/A	45.00	680
钱进超市	NH20210750	海米	三个月结	#N/A	60.00	230
李家超市	NH20210101	海米	月结	#N/A	60.00	430

04 在向下填充公式的时候，参数使用相对引用，其中的行号会改变，所以需要将行号不能改变的参数更改为绝对引用。双击单元格G2，进入编辑状态，选中公式中的参数"参数表!1:4"，按【F4】键，使其变为绝对引用"参数表!$1:$4"。

	=HLOOKUP(E2,参数表!1:4,4,0)					
C	D	E	F	G	H	I
客户名称	合同号	商品名称	付款方式	单位	单价（元）	数量
福到超市	NH20210102	=HLOOKUP(E2,参数表!1:4,4,0)				
鹏展超市	NH20210749	HLOOKUP(lookup_value, table_array, row_index_num, [				
开心超市	NH20210103	QQ糖	月结	#N/A	45.00	680
钱进超市	NH20210750	海米	三个月结	#N/A	60.00	230
李家超市	NH20210101	海米	月结	#N/A	60.00	430

05 按【Enter】键完成修改，并将单元格G2中的公式不带格式地填充到G2下方的单元格区域中，效果如下图所示。

	=HLOOKUP(E2,参数表!$1:$4,4,0)					
C	D	E	F	G	H	I
客户名称	合同号	商品名称	付款方式	单位	单价（元）	数量
福到超市	NH20210102	酥心糖	三个月结	罐	56.00	330
鹏展超市	NH20210749	海米	月结	袋	60.00	430
开心超市	NH20210103	QQ糖	月结	袋	45.00	680
钱进超市	NH20210750	海米	三个月结	袋	60.00	230
李家超市	NH20210101	海米	月结	袋	60.00	430
百胜超市	NH20210105	棉花糖	月结	罐	69.00	230
爱琴海超市	NH20210104	海米	三个月结	袋	60.00	380

8.5.3 MATCH 函数——查找指定值的位置

MATCH函数的功能是从一个数组（一个一维数组，或工作表中的一列数据，或者工作表中的一行数据）中把指定元素的位置找出来。其语法格式如下。

MATCH(查找值 , 查找区域 , 匹配模式)

关于MATCH函数，需要注意的是第2个参数"查找区域"，这里的查找区域只能是一列、一行或者一个一维数组。第3个参数"匹配模式"是一个数字，可以为 – 1、0或者1。如果是1或者忽略，查找区域的数据必须升序排列；如果是 – 1，查找区域的数据必须降序排列；如果是0，则可以是任意排序。一般情况下，将第3个参数设置为0，做精确匹配查找。

例如，若想要在参数表的A列中查找"酥心糖"的位置，输入"=MATCH("酥心糖",A:A,0)"，若得到的结果是1，说明"酥心糖"位于A列的第1个单元格中。由于MATCH函数得到的结果是一个位置，实际意义不大，所以它更多时候是被嵌入其他函数中使用。例如与VLOOKUP函数联合应用，充当VLOOKUP函数的第3个参数。

下面以从参数表中查找商品对应单位为例，介绍MATCH函数与VLOOKUP函数的联合

应用。在这两个函数的联合应用中，MATCH函数应该作为VLOOKUP函数的第3个参数，那么MATCH函数得到的应该是"单位"的位置。具体操作步骤如下。

	配套资源
	第8章\销售合同明细表02—原始文件
	第8章\销售合同明细表02—最终效果

请观看视频

01 打开本实例的原始文件，选中单元格G2，切换到【公式】选项卡，在【函数库】组中单击【查找与引用】按钮，在弹出的下拉列表中选择【VLOOKUP】选项。

02 在弹出的【函数参数】对话框中依次输入第1个、第2个和第4个参数，然后将光标定位到第3个参数文本框中。

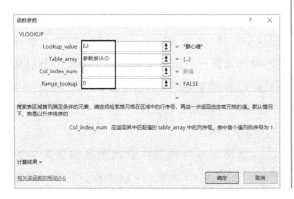

03 单击函数名称框右侧的下拉按钮，在弹出的下拉列表中选择【其他函数】选项。

04 弹出【插入函数】对话框，在【或选择类别】下拉列表中选择【查找与引用】选项，在【选择函数】列表框中选择【MATCH】选项。

05 单击【确定】按钮，弹出MATCH函数的【函数参数】对话框，在参数文本框中依次输入3个参数。这里需要注意的是，由于3个参数都是固定不变的，所以单元格引用需要使用绝对引用。

06 单击【确定】按钮，返回工作表，效果如下图所示。

fx		=VLOOKUP(E2,参数表!A:D,MATCH($G$1,参数表!$A$1:$D$1,0),0)				
客户名称	合同号	商品名称	付款方式	单位	单价（元）	数量
福到超市	NH20210102	酥心糖	三个月结	罐	56.00	330
鹏展超市	NH20210749	海米	月结		60.00	430
开心超市	NH20210103	QQ糖	月结		45.00	680

07 按照前面的方法，将单元格G2中的公式不带格式地填充到其下方的单元格区域中。

✕ ✓ fx		=VLOOKUP(E2,参数表!A:D,MATCH($G$1,参数表!$A$1:$D$1,0),0)				
D	**E**	**F**	**G**	**H**	**I**	**J**
合同号	商品名称	付款方式	单位	单价（元）	数量	金额（元）
NH20210102	酥心糖	三个月结	罐	56.00	330	18,480.00
NH20210749	海米	月结	袋	60.00	430	25,800.00
NH20210103	QQ糖	月结	袋	45.00	680	30,600.00
NH20210750	海米	三个月结	袋	60.00	230	13,800.00
NH20210101	海米	月结	袋	60.00	430	25,800.00
NH20210105	棉花糖	月结	罐	69.00	230	15,870.00
NH20210104	海米	三个月结	袋	60.00	380	22,800.00
NH20210107	巧克力	月结	袋	72.00	517	37,224.00
NH20210109	巧克力	月结	袋	72.00	380	27,360.00
NH20210106	巧克力	月结	袋	72.00	180	12,960.00
NH20210108	巧克力	月结	袋	72.00	180	12,960.00
NH20210734	巧克力	月结	袋	72.00	208	14,976.00
NH20210735	棉花糖	三个月结	罐	69.00	480	33,120.00
NH20210111	海米	月结	袋	60.00	380	22,800.00
NH20210113	海米	月结	袋	60.00	130	7,800.00
NH20210110	海米	三个月结	袋	60.00	165	9,900.00

8.5.4 LOOKUP 函数——根据条件查找指定数据

LOOKUP 函数的功能是返回向量或数组中的数值，它有两种使用方式：向量形式和数组形式。这里建议使用向量形式，向量形式是在单行区域或单列区域中查找数值，然后返回第二个单行区域或单列区域中相同位置的数值。其语法格式如下。

LOOKUP(搜索值，值数组，结果数组)

参数解析如下。

①搜索值：需要查找的值，可以是数字、文本、逻辑值、名称或对值的引用。

②值数组：只包含一行或一列的数据，可以是文本、数字或逻辑值。

③结果数组：只包含一行或一列的数据，该参数必须与"值数组"参数大小相同。

LOOKUP 函数的横向查找和纵向查找功能与HLOOKUP 函数和VLOOKUP 函数的使用效果类似，这里不再介绍。下面重点介绍LOOKUP 函数的逆查找功能。

在实际工作中，经常会遇到如下情况：要查询的销售合同明细表中的【商品类别】数据需要从参数表中引用，但是参数表中的【商品类别】不在查找条件【商品名称】的右边，而在其左边。VLOOKUP函数只能从左向右进行查找，所以无法使用，这时就需要用到LOOKUP函数的逆查找功能。

E	F	G	H	I	J	K
商品名称	付款方式	商品类别	单位	单价（元）	数量	金额（元）
酥心糖	三个月结		罐	56.00	330	18,480.00
海米	月结		袋	60.00	430	25,800.00
QQ糖	月结		袋	45.00	680	30,600.00
海米	三个月结		袋	60.00	230	13,800.00
海米	月结		袋	60.00	430	25,800.00

销售合同明细表

	A	B	C	D	E
1	商品类别	商品名称	规格	单位	单价（元）
2	糖果	酥心糖	800G	罐	56.00
3	海鲜干货	海米	300G	袋	60.00
4	糖果	QQ糖	1000G	袋	45.00
5	糖果	棉花糖	1500G	罐	69.00
6	糖果	巧克力	500G	袋	72.00
7	海鲜干货	扇贝丁	400G	袋	80.00
8	糖果	牛皮糖	2500G	罐	98.00

参数表

使用LOOKUP 函数逆查找数据的逻辑关系如下。

①搜索值：在逆查找时，指定该参数为1。

②值数组：在逆查找时，该参数为"0/(参数表!B2:B8=原始表!E2)"。

③结果数组：本实例中该参数为"参数表!A2:A8"，即A列【商品类别】的内容。具体的操作步骤如下。

配套资源
第8章\销售合同明细表03—原始文件
第8章\销售合同明细表03—最终效果

请观看视频

01 打开本实例的原始文件，选中单元格G2，切换到【公式】选项卡，在【函数库】组中单击【查找与引用】按钮，在弹出的下拉列表中选择【LOOKUP】选项。

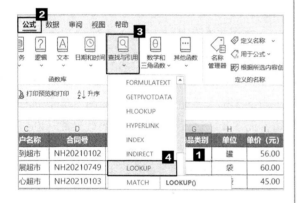

02 在弹出的【选定参数】对话框中保持默认设置（向量形式），单击【确定】按钮。

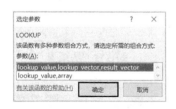

03 在弹出的【函数参数】对话框中依次输入3个参数。

04 单击【确定】按钮，返回工作表，将单元格G2中的公式不带格式地填充到其下方的单元格区域中，效果如下图所示。

=LOOKUP(1,0/(参数表!B2:B8=原始表!E2),参数表!A2:A8)

客户名称	合同号	商品名称	付款方式	商品类别	单位	单价（元）
福到超市	NH20210102	酥心糖	三个月结	糖果	罐	56.00
鹏展超市	NH20210749	海米	月结	海鲜干货	袋	60.00
开心超市	NH20210103	QQ糖	月结	糖果	袋	45.00
钱进超市	NH20210750	海米	三个月结	#N/A	袋	60.00
李家超市	NH20210101	海米	月结	#N/A	袋	60.00
百胜超市	NH20210105	棉花糖	月结	#N/A	袋	69.00
爱琴海超市	NH20210104	海米	三个月结	#N/A	袋	60.00

05 在向下填充公式的时候，参数使用相对引用，其中的行号会改变，所以需要将行号不能改变的参数更改为绝对引用。双击单元格G2，进入编辑状态，选中公式中的参数"参数表!B2:B8"，按【F4】键，使参数变为绝对引用"参数表!$B$2:$B$8"。

=LOOKUP(1,0/(参数表!B2:B8=原始表!E2),参数表!A2:A8)

客户名称	合同号	商品名称	付款方式	商品类别	单位	单价（元）
福到超市	NH2C	=LOOKUP(1,0/(参数表!B2:B8=原始表!E2),参数表!A2:A8)				
鹏展超市	NH202		LOOKUP(lookup_value, array)			60.00
开心超市	NH20210103	QQ糖	月结	糖果		45.00
钱进超市	NH20210750	海米	三个月结	#N/A	袋	60.00
李家超市	NH20210101	海米	月结	#N/A	袋	60.00

06 选中公式中的参数"参数表!A2:A8"，按【F4】键，使参数变为绝对引用"参数表!$A$2:$A$8"。

=LOOKUP(1,0/(参数表!$B$2:$B$8=原始表!E2),参数表!A2:A8)						
C	D	E	F	G	H	I
客户名称	合同号	商品名称	付款方式	商品类别	单位	单价（元）
福到超市	NH2C=LOOKUP(1,0/(参数表!$B$2:$B$8=原始表!E2),			参数表!A2:A8)		
鹏展超市	NH202 LOOKUP(lookup_value, lookup_vector, [result_vector])					60.00
开心超市	NH2010103 QQ糖			糖果	表	45.00
钱进超市	NH20210750	海米	三个月结	#N/A	袋	60.00
李家超市	NH20210101	海米	月结	#N/A	袋	60.00

07 按【Enter】键完成修改，并将单元格G2中的公式不带格式地向下填充到其下方的单元格区域中，效果如右图所示。

=LOOKUP(1,"0"/(参数表!$B$2:$B$8=原始表!E2),参数表!$A$2:$A$8)						
C	D	E	F	G	H	I
客户名称	合同号	商品名称	付款方式	商品类别	单位	单价（元）
福到超市	NH20210102	酥心糖	三个月结	糖果	罐	56.00
鹏展超市	NH20210749	海米	月结	海鲜干货	袋	60.00
开心超市	NH20210103	QQ糖	月结	糖果	袋	45.00
钱进超市	NH20210750	海米	三个月结	海鲜干货	袋	60.00
李家超市	NH20210101	海米	月结	海鲜干货	袋	60.00
百胜超市	NH20210105	棉花糖	月结	糖果	罐	69.00
爱琴海超市	NH20210104	海米	三个月结	海鲜干货	袋	60.00
福到超市	NH20210107	巧克力	月结	糖果	袋	72.00
鹏展超市	NH20210109	巧克力	月结	糖果	袋	72.00

8.5.5 XLOOKUP 函数——多种查找方式的集合体

使用 XLOOKUP 函数可以按行查找表格或区域内容。例如，按部件号查找汽车部件的价格，根据员工 ID 查找员工的姓名。借助XLOOKUP函数也可以在一列中查找搜索值，并在同一行的另一列中返回结果，无论返回结果的列在原列的哪一侧（左侧或右侧）。

XLOOKUP 函数用于搜索区域或数组，然后返回对应于它找到的第一个匹配项的项。如果不存在匹配项，则返回最接近（匹配）的值。其语法格式如下。

> **XLOOKUP(搜索值，值数组或区域，结果数组或区域，如果没找到，匹配类型，搜索模式)**

参数解析如下。

①搜索值：需要查找的值，可以是数字、文本、逻辑值、名称或对值的引用。

②值数组或区域：只包含一行或一列的数据，可以是文本、数字或逻辑值。

③结果数组或区域：只包含一行或一列的数据，该参数必须与"值数组或区域"参数的大小相同。

④如果没找到：如果未找到有效的匹配项，则返回该参数的内容。此参数为可选参数。

⑤匹配类型：0 表示完全匹配，如果未找到，则返回 #N/A，这是默认选项；–1 表示完全匹配，如果没有找到，则返回下一个较小的项；1表示完全匹配，如果没有找到，则返回下一个较大的项；2 表示通配符匹配，其中"*""?"" ~"有特殊含义。此参数为可选参数。

⑥搜索模式：1 表示从第一项开始执行搜索，这是默认选项；–1 表示从最后一项开始执行反向搜索；2表示执行依赖于值数组或区域按升序或降序排列的二进制搜索，如果未排序，将返回无效结果。此参数为可选参数。

XLOOKUP 函数的用法多样，涵盖了VLOOKUP、HLOOKUP、LOOKUP等函数的多种功能。这里重点介绍XLOOKUP 函数的两个功能：按条件查找数值、按条件查找数组。

1. 按条件查找数值

使用XLOOKUP 函数按条件查找数值的方法和使用VLOOKUP函数、HLOOKUP函数的相类似，下面用实例进行介绍。

在销售合同明细表中根据【商品名称】将参数表中的【商品类别】查询过来。

配套资源
第8章\销售合同明细表04—原始文件
第8章\销售合同明细表04—最终效果

请观看视频

商品名称	付款方式	商品类别	单位	单价（元）
酥心糖	三个月结		罐	56.00
海米	月结		袋	60.00
QQ糖	月结		袋	45.00
海米	三个月结		袋	60.00
海米	月结		袋	60.00

销售合同明细表

商品名称	商品类别	规格	单位	单价（元）
酥心糖	糖果	800G	罐	56.00
海米	海鲜干货	300G	袋	60.00
QQ糖	糖果	1000G	袋	45.00
棉花糖	糖果	1500G	罐	69.00
巧克力	糖果	500G	袋	72.00
扇贝丁	海鲜干货	400G	袋	80.00
牛皮糖	糖果	2500G	罐	98.00

参数表

使用XLOOKUP 函数按条件查找数据的逻辑关系如下。

①搜索值：商品名称是两个表共有的，可以作为匹配条件，本实例中该参数为销售合同明细表的"E2"。

②值数组：本实例中该参数为"参数表!A2:A8"。

③结果数组：只包含一行或一列的区域，该参数必须与"值数组"参数大小相同；本实例中该参数为"参数表!B2:B8"，即【商品类别】列内容，与值数组的A列内容参数大小相同。具体的操作步骤如下。

01 打开本实例的原始文件，选中单元格G2，切换到【公式】选项卡，在【函数库】组中单击【查找与引用】按钮，在弹出的下拉列表中选择【XLOOKUP】选项。

02 在弹出的【函数参数】对话框中依次输入3个参数。

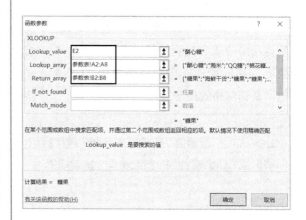

03 单击【确定】按钮，返回工作表，将单元格G2中的公式不带格式地填充到其下方的单元格区域中，效果如下图所示。

04 在向下填充公式的时候，参数使用相对引用，其中的行号会改变，所以需要将行号不能改变的参数更改为绝对引用。双击单元格G2，进入编辑状态，选中公式中的参数"参数表!A2:A8"，按【F4】键，使其变为绝对引用"参数表!$A$2:$A$8"。

	C	D	E	F	G	H	I
		=XLOOKUP(E2,参数表!A2:A8,参数表!B2:B8)					
	客户名称	合同号	商品名称	付款方式	商品类别	单位	单价 (元)
	福到超市	NH20210102	=XLOOKUP(E2,参数表!A2:A8,参数表!B2:B8)				
	鹏展超市	NH20210749	XLOOKUP(lookup_value, lookup_array, return_array, [if_nc				
	开心超市	NH20210103	QQ糖	月结	糖果	袋	45.00
	钱进超市	NH20210750	海米	三个月结	#N/A	袋	60.00

05 选中公式中的参数"参数表!B2:B8"，按【F4】键，使其变为绝对引用"参数表!$B$2:$B$8"。

	C	D	E	F	G	H	I
		=XLOOKUP(E2,参数表!$A$2:$A$8,参数表!B2:B8)					
	客户名称	合同号	商品名称	付款方式	商品类别	单位	单价 (元)
	福到超市	NH20210102	=XLOOKUP(E2,参数表!$A$2:$A$8,参数表!B2:B8)				
	鹏展超市	NH20210749	XLOOKUP(lookup_value, lookup_array, return_array, [if_no				
	开心超市	NH20210103	QQ糖	月结	糖果	袋	45.00
	钱进超市	NH20210750	海米	三个月结	#N/A	袋	60.00
	李家超市	NH20210101	海米	月结	#N/A	袋	60.00

06 按【Enter】键完成修改，并将单元格G2中的公式不带格式地向下填充到其下方的单元格区域中。

	C	D	E	F	G	H	I
		=XLOOKUP(E2,参数表!$A$2:$A$8,参数表!$B$2:$B$8)					
	客户名称	合同号	商品名称	付款方式	商品类别	单位	单价 (元)
	福到超市	NH20210102	酥心糖	三个月结	糖果	罐	56.00
	鹏展超市	NH20210749	海米	月结	海鲜干货	袋	60.00
	开心超市	NH20210103	QQ糖	月结	糖果	袋	45.00
	钱进超市	NH20210750	海米	三个月结	海鲜干货	袋	60.00
	李家超市	NH20210101	海米	月结	海鲜干货	袋	60.00
	百胜超市	NH20210105	棉花糖	月结	糖果	罐	69.00
	爱琴海超市	NH20210104	海米	三个月结	海鲜干货	袋	60.00
	福到超市	NH20210107	巧克力	月结	糖果	袋	72.00
	鹏展超市	NH20210109	巧克力	月结	糖果	袋	72.00
	开心超市	NH20210106	巧克力	三个月结	糖果	袋	72.00
	钱进超市	NH20210108	巧克力	月结	糖果	袋	72.00

2. 按条件查找数组

按条件查找数组是XLOOKUP函数所特有的功能，使用一次公式可以查询多个数据，从而避免多次使用公式的麻烦，下面用实例进行具体介绍。

在销售合同明细表中根据【商品名称】将参数表中的【商品类别】【单位】【单价】查询出来，如下图所示。

E	F	G	H	I	J	K
商品名称	付款方式	商品类别	单位	单价 (元)	数量	金额 (元)
酥心糖	三个月结				330.00	0.00
海米	月结				430.00	0.00
QQ糖	月结				680.00	0.00
海米	三个月结				230.00	0.00
海米	月结				430.00	0.00
棉花糖	月结				230.00	0.00
海米	三个月结				380.00	0.00

销售合同明细表

	A	B	C	D
1	商品名称	商品类别	单位	单价 (元)
2	酥心糖	糖果	罐	56.00
3	海米	海鲜干货	袋	60.00
4	QQ糖	糖果	袋	45.00
5	棉花糖	糖果	罐	69.00
6	巧克力	糖果	袋	72.00
7	扇贝丁	海鲜干货	袋	80.00
8	牛皮糖	糖果	罐	98.00

参数表

使用XLOOKUP函数按条件查找数据的逻辑关系如下。

①搜索值：商品名称是两个表共有的，可以作为匹配条件，本实例中该参数为销售合同明细表中的"E2"。

②值数组：本实例中该参数为"参数表!A2:A8"。

③结果数组：本实例中该参数为"参数表!B2:D8"，即【商品类别】【单位】【单价】列的内容，与值数组的A列内容参数大小相同。具体的操作步骤如下。

01 打开本实例的原始文件，选中单元格 G2，切换到【公式】选项卡，在【函数库】组中单击【查找与引用】按钮，在弹出的下拉列表中选择【XLOOKUP】选项。

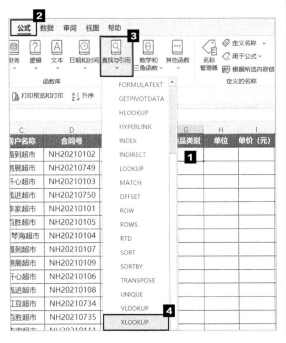

02 在弹出的【函数参数】对话框中依次输入3个参数。

03 单击【确定】按钮，返回工作表，效果如下图所示，H列和I列同时引用了数据，这是因为XLOOKUP函数发挥了查找数组的作用。

04 将单元格G2中的公式不带格式地填充到其下方的单元格区域中，效果如下图所示。

C	D	E	F	G	H	I
客户名称	合同号	商品名称	付款方式	商品类别	单位	单价（元）
福到超市	NH20210102	酥心糖	三个月结	糖果	罐	56.00
鹏展超市	NH20210749	海米	月结	海鲜干货	袋	60.00
开心超市	NH20210103	QQ糖	月结	糖果	袋	45.00
钱进超市	NH20210750	海米	三个月结	#N/A		

05 在向下填充公式的时候，参数使用相对引用，其中的行号会改变，所以需要将行号不能改变的参数更改为绝对引用。双击单元格 G2，进入编辑状态，选中公式中的参数"参数表!A2:A8"，按【F4】键，使其变为绝对引用"参数表!$A$2:$A$8"。

C	D	E	F	G	H	I
客户名称	合同号	商品名称	付款方式	商品类别	单位	单价（元）
福到超市	NH20210102	=XLOOKUP(原始表!E2,参数表!A2:A8,参数表!B2:D8)				
鹏展超市	NH20210749	XLOOKUP(lookup_value, **lookup_array**, return_array, [if_no				
开心超市	NH20210103	QQ糖	月结	糖果	袋	45.00

06 选中公式中的参数"参数表!B2:D8"，按【F4】键，使其变为绝对引用"参数表!$B$2:$D$8"。

07 按【Enter】键完成修改，将单元格G2中的公式不带格式地向下填充到其下方的单元格区域中，H列和I列同时也正确引用了数据。

C	D	E	F	G	H	I
客户名称	合同号	商品名称	付款方式	商品类别	单位	单价（元）
福到超市	NH20210102	酥心糖	三个月结	糖果	罐	56.00
鹏展超市	NH20210749	海米	月结	海鲜干货	袋	60.00
开心超市	NH20210103	QQ糖	月结	糖果	袋	45.00
钱进超市	NH20210750	海米	三个月结	海鲜干货	袋	60.00

对"应付账款明细表"使用数学和三角函数

通过数学和三角函数，可以处理简单的计算，如对数字取整、计算单元格区域中的数值总和。常用的数学和三角函数有SUM、SUMIF、SUMIFS、SUMPRODUCT、SUBTOTAL等，下面分别介绍这些函数。

8.6.1 SUM 函数——对数据求和

SUM函数的作用是返回某一单元格区域中数字、逻辑值或数字的文本表达式之和（求和）。其语法格式如下。

> SUM(数值 1, 数值 2,....)

这里的参数可以是具体的数字，也可以是单元格或单元格区域。

下面以对应付账款明细表中的"应付余额（元）"求和为例，介绍SUM函数的使用。具体操作步骤如下。

01 打开本实例的原始文件，选中单元格O253，切换到【公式】选项卡，在【函数库】组中单击【数学和三角函数】按钮，在弹出的下拉列表中选择【SUM】选项。

02 弹出【函数参数】对话框，其中第1个函数参数文本框中默认输入了"O2:O252"（也可以重新输入）。

03 单击【确定】按钮，返回工作表，即可看到求和结果。

8.6.2 SUMIF 函数——对满足某一条件的数据求和

SUMIF函数是一个单条件求和函数，可以对选定区域中符合指定条件的值求和。其语法格式如下。

> SUMIF(条件区域 , 条件 , 实际求和区域)

"条件"参数是单一的，它可以是数字、文本、单元格、表达式等。

下面以对应付账款明细表中"北京迎捷**有限公司"的"应付余额（元）"列求和为例，介绍SUMIF函数的使用，即求单元格区域C2:C252中供应商名称为"北京迎捷**有限公司"对应的单元格区域O2:O252中应付余额的和。

SUMIF函数对应的3个参数：条件区域为C2:C252，实际求和区域为O2:O252，条件为"北京迎捷**有限公司"。具体操作步骤如下。

	A	B	C	发票金额（元）	M 已付金额（元）	O 应付余额（元）
1	序号	合同编号	供应商			
248	247	HBC2021102951	深圳大力**有限公司	274,000.00	43,000.00	231,000.00
249	248	HBC2021102952	石家庄凯嘉**有限公司	263,000.00	43,000.00	220,000.00
250	249	HBC2021102953	北京侯荣**有限公司	252,000.00	43,000.00	209,000.00
251	250	HBC2021102954	北京迎捷**有限公司	241,000.00	43,000.00	198,000.00
252	251	HBC2021102955	深圳佳吉**有限公司	230,000.00	43,001.00	186,999.00

配套资源

第8章\应付账款明细表01—原始文件

第8章\应付账款明细表01—最终效果

请观看视频

01 打开本实例的原始文件，选中单元格R2，切换到【公式】选项卡，在【函数库】组中单击【数学和三角函数】按钮，在弹出的下拉列表中选择【SUMIF】选项。

02 在弹出的【函数参数】对话框中依次输入3个参数。

03 单击【确定】按钮，返回工作表，即可看到求和结果。

C 供应商	E 采购人员	O 应付余额（元）	P	Q 供应商	R 应付余额（元）
上海昌吉**有限公司	李大勇	34,000.00		北京迎捷**有限公司	5,816,000.00
北京长隆**有限公司	李菲	43,000.00			
深圳大力**有限公司	李菲	44,000.00			
石家庄凯嘉**有限公司	何芙蓉	43,000.00			
北京侯荣**有限公司	李默	43,000.00			
北京迎捷**有限公司	李大勇	44,000.00			
深圳佳吉**有限公司	李菲	39,000.00			
上海昌吉**有限公司	何芙蓉	49,000.00			
北京长隆**有限公司	赵晓楠	48,000.00			
深圳大力**有限公司	林依依	51,000.00			

8.6.3 SUMIFS 函数——对满足多个条件的数据求和

SUMIFS函数是多条件单元格求和函数。其语法格式如下。

> SUMIFS(实际求和区域 , 条件区域 1 , 条件 1 , 条件区域 2 , 条件 2 , ...)

其中，"实际求和区域"参数是唯一的。

下面以对应付账款明细表中"李大勇"负责的"北京迎捷**有限公司"的"应付余额（元）"列求和为例，介绍SUMIFS函数的使用，即求单元格区域C2:C252中供应商名称为"北京迎捷**有限公司"且单元格区域E2:E252中采购人员为"李大勇"对应的单元格区域O2:O252中应付余额的和。

SUMIFS函数对应的5个参数：实际求和区域为O2:O252，条件区域1为C2:C252，条件1为"北京迎捷**有限公司"即R2。条件区域2为E2:E252，条件2为"李大勇"即Q2。具体操作步骤如下。

配套资源
第8章\应付账款明细表02—原始文件
第8章\应付账款明细表02—最终效果

请观看视频

01 打开本实例的原始文件，选中单元格S2，切换到【公式】选项卡，在【函数库】组中单击【数学和三角函数】按钮，在弹出的下拉列表中选择【SUMIFS】选项。

02 在弹出的【函数参数】对话框中依次输入5个参数。

03 单击【确定】按钮，返回工作表，即可看到求和结果。

8.6.4　SUMPRODUCT 函数——求几组数据的乘积之和

SUMPRODUCT函数主要用来求几组数据的乘积之和。其语法格式如下。

SUMPRODUCT(数据 1, 数据 2,...)

在使用该函数时，用户最多可以设置255个参数。

采购人员	发票日期	单价（元）	数量	结算期（天）	发票金额（元）	预估总成本（元）
李大勇	2021-10-07	97.46	454	60	50,000.00	
李菲	2021-10-07	95.77	462	60	50,000.00	
李菲	2021-10-07	56.58	782	60	50,000.00	

下面以对应付账款明细表中的预估总成本求和为例，介绍SUMPRODUCT函数的用法。其中"预估总成本（元）"等于"单价（元）"乘以"数量"。

本实例中SUMPRODUCT函数对应的两个参数分别为"H2:H252"和"I2:I252"，具体的操作步骤如下。

配套资源
第8章\应付账款明细表03—原始文件
第8章\应付账款明细表03—最终效果

请观看视频

01 打开本实例的原始文件，选中单元格S2，切换到【公式】选项卡，在【函数库】组中单击【数学和三角函数】按钮，在弹出的下拉列表中选择【SUMPRODUCT】选项。

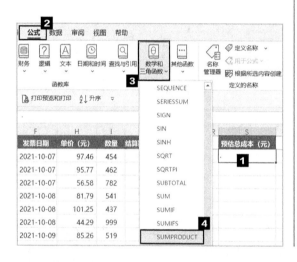

02 在弹出的【函数参数】对话框中依次输入两个参数。

03 单击【确定】按钮，返回工作表，即可看到求和结果。

8.6.5 SUBTOTAL 函数——分类汇总

SUBTOTAL函数是一个汇总函数，主要用来返回列表或数据库中的分类汇总数据。其语法格式如下。

SUBTOTAL(function_num,ref1,ref2,...)

①function_num：必需，为数字 1~11 或 101~111，用于指定分类汇总使用的函数。如果使用 1~11，将包括手动隐藏的行（包含隐藏值）；如果使用 101~111，则排除手动隐藏的行（忽略隐藏值）；始终排除已筛选掉的单元格。

②ref1：必需，要对其进行分类汇总计算的第1个命名区域或引用。

③ref2：可选，要对其进行分类汇总计算的第 2 个命名区域或引用。

下表是对 1~11（包含隐藏值）或 101~111（忽略隐藏值）的情况的说明。

function_num（包含隐藏值）	function_num（忽略隐藏值）	执行的运算	等同的函数
1	101	求平均值	AVERAGE
2	102	数值计算	COUNT
3	103	计数	COUNTA
4	104	求最大值	MAX
5	105	求最小值	MIN
6	106	求乘积	PRODUCT
7	107	求标准方差	STDEV
8	108	求总体标准方差	STDEVP
9	109	求和	SUM
10	110	求方差	VAR
11	111	求总体方差	VARP

SUBTOTAL函数可以用来实现求和、计数、求平均值、求最大值、求最小值、求乘积、数值计数、求标准方差、求总体标准方差、求方差、求总体方差共11种运算。在数据源不变的情况下，改变SUBTOTAL函数的第1个参数function_num，即可改变它的计算方式。例如，要让函数进行求平均值运算，就把第1个参数设置为1；要让函数进行求和运算，就将第1个参数设置为9……

SUBTOTAL函数最常用的功能就是对筛选结果中的数据进行汇总计算。下面以在应付账款明细表中筛选出"上海昌吉**有限公司"的应付余额为例，使用SUBTOTAL函数进行求和运算。

因为要让函数进行求和运算，所以设置第1个参数为9，第2个参数为可筛选出"上海昌吉**有限公司"的O列单元格，具体操作步骤如下。

01 打开本实例的原始文件，选中单元格C1，切换到【开始】选项卡，在【编辑】组中单击【排序和筛选】按钮，在弹出的下拉列表中选择【筛选】选项。

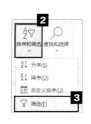

02 单击【供应商】右侧的筛选按钮，在弹出的下拉列表中取消勾选【全选】复选框，然后勾选【上海昌吉**有限公司】复选框。

03 单击【确定】按钮，筛选出供应商"上海昌吉**有限公司"的应付余额信息。

04 选中单元格R2，切换到【公式】选项卡，在【函数库】组中单击【数学和三角函数】按钮，在弹出的下拉列表中选择【SUBTOTAL】选项。

05 在弹出的【函数参数】对话框中依次输入两个参数。

06 单击【确定】按钮，返回工作表，即可看到求和结果。

07 按照上述方法，在单元格S2中输入公式"=SUBTOTAL(109,O2:O246)"，可以看到第1个参数使用"9"和"109"得到的结果是一样的。

看到这个结果，有些读者或许会疑惑：为什么SUBTOTAL函数的第1个参数设置为"9"和"109"得到的结果是一样的，但前面在介绍第1参数的时候说"9"是代表包含隐藏值，"109"代表忽略隐藏值呢？这里要说明的是"9"和"109"的区别在于是否有数据隐藏，而不是筛选。在有筛选的情况下，第1个参数为"9"或者"109"，得到的结果是一样的；但是如果没有经过筛选，而是有隐藏的数据存在，那么第1个参数为"9"或者"109"，得到的结果是不同的。使用参数"9"，隐藏的数据也会参与求和汇总，但是使用参数"109"，就只有未被隐藏的数据参与计算。下面以具体实例来对比两者的区别。

配套资源
第8章\应付账款明细表05—原始文件
第8章\应付账款明细表05—最终效果

请观看视频

01 回到原始文件继续操作，切换到【开始】选项卡，在【编辑】组中单击【排序和筛选】按钮，在弹出的下拉列表中选择【筛选】选项，撤销筛选。

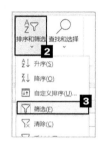

02 选中工作表的第9~18行，单击鼠标右键，在弹出的快捷菜单中选择【隐藏】选项。

03 选中的行被隐藏，效果如下图所示。

04 此时，再次查看单元格R1和S1中的结果，发现二者有区别了，由此可以看出第1个参数使用"9"和"109"的区别是在计算时是否让隐藏行中的数据参与计算。

8.7 对"员工业绩考核表"使用统计函数

统计函数用于对数据区域进行统计分析。常用的统计函数有COUNTA、COUNT、MAX、MIN、AVERAGE、COUNTIF、COUNTIFS、RANK.EQ等，下面分别介绍这些函数。

8.7.1 COUNTA 函数——统计非空单元格的个数

COUNTA函数的功能是返回参数列表中非空单元格的个数。其语法格式如下。

COUNTA(数值 1, 数值 2,...)

数值1,数值2,...为所要参与统计的值，参数个数为1~30。在这种情况下，参数值可以是任何类型的，它们可以包括空字符（""），但不包括空白单元格。如果参数是数组或单元格引用，则数组或引用中的空白单元格将被忽略。

利用COUNTA函数可以计算单元格区域或数组中包含数据的单元格个数。

业务考核结束后，需要对考核人数、考核成绩等进行统计分析。首先，利用COUNTA函数来统计考核人数。

因为COUNTA函数返回的是参数列表中非空单元格的个数，所以此处在选择参数时，应该选择包含所有应考核人员的数据区域，例如B2:B296。使用COUNTA函数统计考核人数的具体操作步骤如下。

配套资源
第8章\员工业绩考核表—原始文件
第8章\员工业绩考核表—最终效果

请观看视频

01 打开本实例的原始文件，选中单元格J1，切换到【公式】选项卡，在【函数库】组中单击【其他函数】按钮，在弹出的下拉列表中选择【统计】→【COUNTA】选项。

02 在弹出的【函数参数】对话框中输入一个参数。

03 单击【确定】按钮，返回工作表，即可得到应参加考核的人数。

8.7.2 COUNT 函数——统计数字项的个数

COUNT函数的功能是计算参数列表中的数字项的个数。其语法格式如下。

COUNT(数值 1, 数值 2,...)

COUNT函数的参数（1~30个）可以包含或引用各种类型的数据，但只有数值型的数据才会被计数。

COUNT函数在计数时，会把数值型的数据计算进去，而错误值、空值、逻辑值、文字则会被忽略。

在实际的考核工作中，由于部分人员会因为某些原因未能参加考核，因此考核结束后，不仅要统计应参加考核的人数，还应该统计实际参加考核的人数。

在员工业绩考核表中，实际参加考核的人有考核成绩，而没参加考核的人对应的成绩单元格为空。所以统计实际参加考核的人数时，可以使用COUNT函数，其参数为考核得分列"E2:E296"，具体操作步骤如下。

配套资源
第8章\员工业绩考核表01—原始文件
第8章\员工业绩考核表01—最终效果

请观看视频

01 打开本实例的原始文件，选中单元格J2，切换到【公式】选项卡，在【函数库】组中单击【其他函数】按钮，在弹出的下拉列表中选择【统计】→【COUNT】选项。

03 单击【确定】按钮，返回工作表，即可得到实际参加考核的人数。

02 在弹出的【函数参数】对话框中输入一个参数。

8.7.3 MAX 函数——求一组数值中的最大值

MAX函数用于返回一组值中的最大值。其语法格式如下。

MAX(数值 1, 数值 2,...)

数值1是必需的参数，后续参数是可选的，参数的个数范围是1~255。

一般对成绩进行分析时，都会列出最高分、最低分还有平均分。计算最高分可以使用MAX函数，具体操作步骤如下。

配套资源
第8章\员工业绩考核表02—原始文件
第8章\员工业绩考核表02—最终效果

请观看视频

01 打开本实例的原始文件，选中单元格J3，切换到【公式】选项卡，在【函数库】组中单击【其他函数】按钮，在弹出的下拉列表中选择【统计】→【MAX】选项。

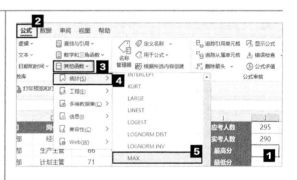

02 在弹出的【函数参数】对话框中输入一个参数。

03 单击【确定】按钮，返回工作表，即可得到本次考核成绩的最高分。

8.7.4 MIN 函数——求一组数值中的最小值

MIN函数用于返回一组值中的最小值。其语法格式如下。

MIN(数值 1, 数值 2,…)

数值1是必需的参数，后续参数是可选的，参数的个数范围是1~30。

对成绩进行分析时，计算最低分可以使用MIN函数，具体操作步骤如下。

配套资源
第8章\员工业绩考核表03—原始文件
第8章\员工业绩考核表03—最终效果

请观看视频

01 打开本实例的原始文件，选中单元格J4，切换到【公式】选项卡，在【函数库】组中单击【其他函数】按钮，在弹出的下拉列表中选择【统计】→【MIN】选项。

02 在弹出的【函数参数】对话框中输入一个参数。

03 单击【确定】按钮，返回工作表，即可得到本次考核成绩的最低分。

8.7.5 AVERAGE 函数——计算一组数值的平均值

AVERAGE函数是Excel中用于计算平均值的函数，其参数可以是数字，或者是涉及数字的名称、数组或引用。如果数组或单元格引用中有文字、逻辑值或空单元格，则忽略它们，但是如果单

元格包含零值则将其计算在内。其语法格式如下。

AVERAGE(数值 1, 数值 2,...)

平均分可以看出考核的整体水平。使用AVERAGE函数计算平均分的具体操作步骤如下。

配套资源
第8章\员工业绩考核表04—原始文件
第8章\员工业绩考核表04—最终效果

请观看视频

01 打开本实例的原始文件，选中单元格J5，切换到【公式】选项卡，在【函数库】组中单击【其他函数】按钮，在弹出的下拉列表中选择【统计】→【AVERAGE】选项。

02 在弹出的【函数参数】对话框中输入一个参数。

03 单击【确定】按钮，返回工作表，即可得到本次考核成绩的平均分。

部门	岗位	考核得分				应考人数	295
生产部	经理	93				实考人数	290
生产部	生产主管	86				最高分	93
生产部	计划主管	71				最低分	58
生产部	组长	85				平均分	78.8
技术部	经理	68				90分以上人数	
生产部	产线物料员	58				80~90分人数	
技术部	设计工程师	76				60~79分人数	
生产部	生产操作员	82				60分以下人数	
生产部	生产操作员	89					
技术部	设计工程师	93					
生产部	生产操作员	86					

8.7.6 COUNTIF 函数——统计符合单个条件的单元格数量

COUNTIF函数是Excel中用于对指定区域中符合指定条件的单元格进行计数的一个函数。其语法格式如下。

COUNTIF(指定区域 , 指定条件)

①指定区域：要计算其中非空单元格数量的区域。

②指定条件：以数字、表达式或文本形式定义的条件。

COUNTIF函数就是一个条件计数函数，其与COUNT函数的区别在于，它可以限定条件。

例如，可以使用COUNTIF函数计算考核成绩在90分以上的人数、60分以下的人数等，具体操作步骤如下。

配套资源
第8章\员工业绩考核表05—原始文件
第8章\员工业绩考核表05—最终效果

请观看视频

01 打开本实例的原始文件，选中单元格J6，切换到【公式】选项卡，在【函数库】组中单击【其他函数】按钮，在弹出的下拉列表中选择【统计】→【COUNTIF】选项。

02 在弹出的【函数参数】对话框中输入两个参数。

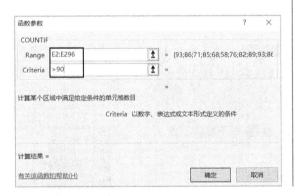

03 单击【确定】按钮，返回工作表，即可得到本次考核成绩在90分以上的人数。

04 按照上述方法可以计算考核成绩在60分以下的人数，如下图所示。

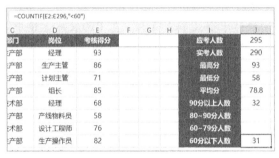

8.7.7 COUNTIFS 函数——统计符合多个条件的单元格数量

COUNTIFS函数用来统计多个区域中满足给定条件的单元格的数量。其语法格式如下。

COUNTIFS(条件区域 1, 条件 1, 条件区域 2, 条件 2,...)

条件区域1为第一个需要计算其中满足某个条件的单元格数目的单元格区域（简称条件区域）。条件1为第一个区域中将被计算在内的条件（简称条件），其形式可以为数字、表达式或文本。同理，条件区域2为第二个条件区域，条件2为第二个条件，依此类推。函数返回的结果为多个区域中满足相应条件的单元格个数。

COUNTIFS函数为COUNTIF函数的扩展，其用法与COUNTIF函数类似，但COUNTIF函数是针对单一条件的，而COUNTIFS函数可以实现对多个条件同时求结果。

在统计各分数段的人数时，对于90分以上和60分以下的人数，可以使用COUNTIF函数统计出来，但是却无法使用它统计80~90分的人数和60~79分的人数。这时，就需要使用COUNTIFS函数。具体操作步骤如下。

配套资源
第8章\员工业绩考核表06—原始文件
第8章\员工业绩考核表06—最终效果

请观看视频

01 打开本实例的原始文件，选中单元格J7，切换到【公式】选项卡，在【函数库】组中单击【其他函数】按钮，在弹出的下拉列表中选择【统计】→【COUNTIFS】选项。

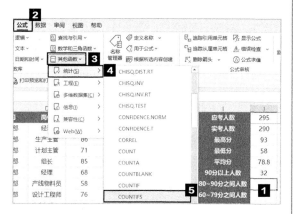

02 在弹出的【函数参数】对话框中输入4个参数。

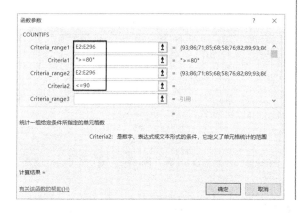

03 单击【确定】按钮，返回工作表，即可得到本次考核成绩为80~90分的人数。

04 按照上述方法计算考核成绩为60~79分的人数。

8.7.8 RANK.EQ 函数——计算排名

RANK.EQ函数是一个排名函数，用于返回一个数字在数字列表中的排位，如果多个值都具有相同的排位，则返回该组数值的最高排位。其语法格式如下。

RANK.EQ(数值，数值区域，排名方式)

①数值：表示参与排名的数值。

②数值区域：表示参与排名的数值区域。

③排名方式：有1和0两种，0表示从大到小排名，1表示从小到大排名，当参数为0时可以省略。

使用RANK.EQ函数根据考核成绩计算员工排名的具体操作步骤如下。

配套资源
第8章\员工业绩考核表07—原始文件
第8章\员工业绩考核表07—最终效果

请观看视频

01 打开本实例的原始文件，选中单元格G2，切换到【公式】选项卡，在【函数库】组中单击【其他函数】按钮，在弹出的下拉列表中选择【统计】→【RANK.EQ】选项。

02 弹出【函数参数】对话框，在第1个参数文本框中输入当前参与排名的引用单元格"E2"，在第2个参数文本框中输入排名的数值区域"$E$2:$E$296"，由于此处排名应为降序，所以第3个参数可以省略。

03 单击【确定】按钮，返回工作表。即可得到"华立辉"在这次考核中的成绩排名。

04 将单元格G2中的公式不带格式地填充到其下方的单元格区域中，得到所有员工的成绩排名。缺考人员的排名显示错误值，可以直接删除对应排名单元格中的公式。

问题解答

如何快速查找函数

本章中查找函数采用单击菜单的方式，其实Excel中有一个非常快捷的方式可以迅速查找到所需函数，具体方法如下。

01 打开工作表，将光标定位到需要使用函数的单元格J2中，单击公式编辑栏旁边的【fx】按钮。

02 在弹出的【插入函数】对话框中可以快速查找函数。

03 在【搜索函数】文本框中输入要搜索的函数名称，例如"COUNT"，单击【转到】按钮，即可搜索出想要的函数。在【选择函数】列表框中选择函数，单击【确定】按钮。

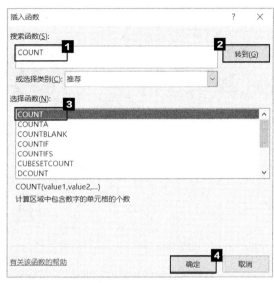

04 在弹出的【函数参数】对话框中输入参数并单击【确定】按钮即可。

XMATCH函数介绍

推出XMATCH函数是为了取代MATCH函数，两者都能返回匹配值的序列号，但XMATCH函数功能更多且更灵活。当然，如果只是简单使用，两者是完全一致的。

XMATCH函数比MATCH函数强大的地方主要在于它支持更灵活的匹配模式，例如，完全匹配一直是优先的，找不到时再去搜索最接近的值，此外它还支持更快的二进制搜索方式。

第9章

图表，让数据分析更直观

生活在大数据时代，职场人每天都要和数据打交道，而学会使用图表进行数据分析，从大量的数据中提取出有用的信息，是一项可以提升自身竞争力的能力。本章列举了多个用图表分析数据的实践性实例，帮助读者迅速领会图表的妙处。

 学习导图

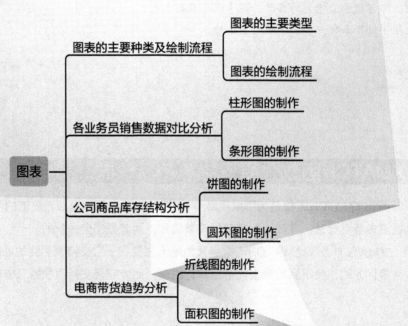

9.1 图表的主要种类及绘制流程

在学习数据透视图时，读者就已经接触了图表，相信读者也意识到图表比单纯的数字在展示数据时更加直观，也更加生动有趣。图表的种类很多，图表的展现形式也千变万化，若想直观地展示和分析数据，只掌握一两种图表是不够的，需要系统地学习图表的相关知识。

9.1.1 图表的主要种类

图表的种类很多，面对多种多样的图表，正确地选择图表类型是制作图表的第一步：要抛开图表类型，专注于使用图表的目的，从图表的作用来辨别图表、选择图表。

图表根据作用可分为6类：分类比较分析图表、结构和占比分析图表、分布和关联关系分析图表、趋势走向分析图表、结果比率分析图表、转化分析图表。每一类包含的主要图表种类如下图所示。本章只介绍其中的部分图表。

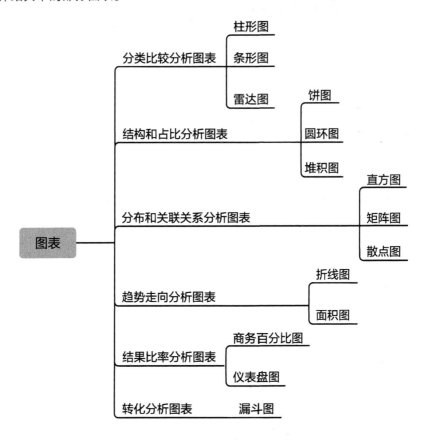

确定要做哪种数据分析后，直接在对应类别里选择图表即可。

9.1.2　图表的绘制流程

图表的绘制流程如右图所示。

首先，确定分析的目标，即明确需要分析什么，分析需要达到的目的是什么。

其次，选择合适的图表，根据分析的目标选择不同类型的图表，例如，要进行趋势走向分析，就选择折线图或面积图。

再次，准备图表数据。

接下来，就可以绘制基础图表了。

最后，对基础图表进行美化，以达到更好的展示效果。

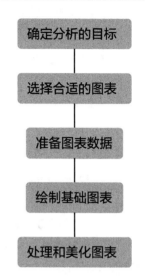

9.2　各业务员销售数据对比分析

各业务员销售数据对比分析是将销售数据按照业务员进行统计，然后用分类比较分析类的图表来进行展示。

9.2.1　柱形图的制作

柱形图的制作流程和第7章数据透视表中柱形图的制作流程基本一样：先创建数据透视表，再以数据透视表的数据为基础创建柱形图。而在实际工作中，很多时候是直接在原始数据的基础上插入图表的，具体使用什么方式创建图表要具体问题具体分析。具体的操作步骤如下。

配套资源
第9章\销售明细表—原始文件
第9章\销售明细表—最终效果

请观看视频

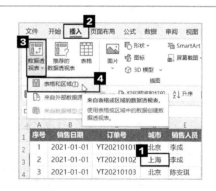

01 打开本实例的原始文件，以销售明细表中的数据为基础创建数据透视表。单击工作表中的任意单元格，切换到【插入】选项卡，在【表格】组中单击【数据透视表】按钮，在弹出的下拉列表中选择【表格和区域】选项。

02 在弹出的【来自表格或区域的数据透视表】对话框中，保持默认设置不变，单击【确定】按钮。

03 新建了一个工作表"Sheet2"，在【数据透视表字段】任务窗格中将【销售人员】和【金额（元）】字段依次拖曳至【行】区域和【值】区域中。

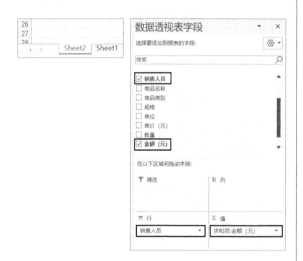

04 在"Sheet2"工作表左侧便会出现想要的汇总数据。

05 单击数据透视表的任意单元格，切换到【插入】选项卡，在【图表】组中单击【插入柱形图或条形图】按钮，在弹出的下拉列表中选择【簇状柱形图】选项，插入柱形图。

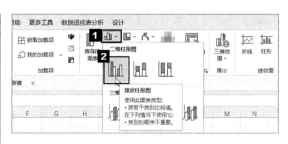

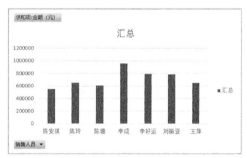

06 选中柱形图，单击【图表样式】按钮。

07 在【样式】选项卡中选择【样式11】选项，为柱形图应用【样式11】样式。

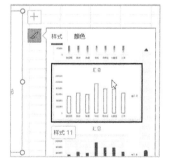

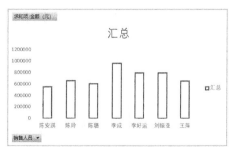

08 单击【图表样式】按钮，在【颜色】选项卡中选择【单色调色板7】选项，柱形图的效果如下图所示。

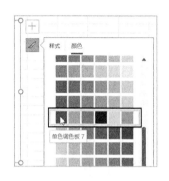

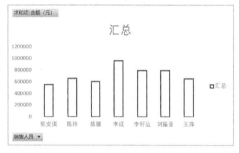

09 选中柱形图的标题，将标题改成"产品销量统计"。

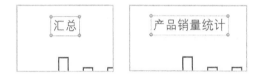

10 单击图表右侧的图例，按【Delete】键将其删除。

11 得到如下效果的柱形图。

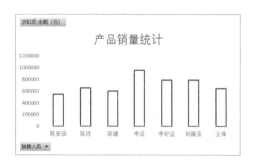

12 在其中一个字段按钮上单击鼠标右键，例如在"求和项：金额（元）"字段按钮上单击鼠标右键，在弹出的快捷菜单中选择【隐藏图表上的所有字段按钮】选项。

13 选中最高的柱子，单击鼠标右键，单击【填充】按钮，在弹出的下拉列表中选择【浅灰色，背景2，深色25%】选项。

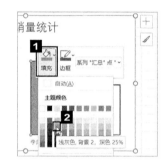

14 得到美化好的柱形图。

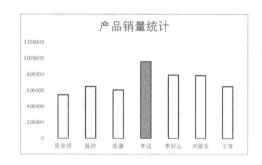

9.2.2　条形图的制作

条形图的制作流程和柱形图的制作流程基本一样，具体的操作步骤如下。

01 打开本实例的原始文件，以销售明细表中的数据为基础创建数据透视表（方法与上文创建柱形图时的一致，此处不再重复叙述，只展示如下效果）。

02 单击数据透视表中的任意单元格，切换到【插入】选项卡，在【图表】组中单击【插入柱形图或条形图】按钮，在弹出的下拉列表中选择【簇状条形图】选项，插入条形图。

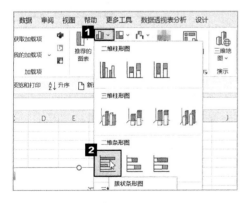

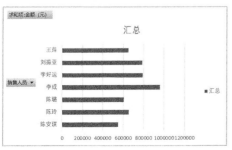

03 选中图表，单击【图表样式】按钮。

04 在【样式】选项卡中选择【样式6】选项，为图表应用【样式6】样式。

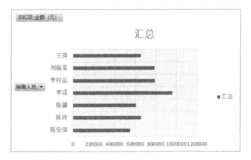

05 单击【图表样式】按钮，在【颜色】选项卡中选择【单色调色板3】选项，条形图的效果如下图所示。

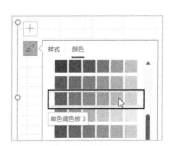

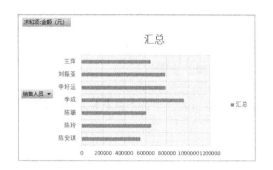

06 选中图表标题，将标题改成"产品销量统计"。

07 单击图表右侧的图例，按【Delete】键将其删除。

08 得到如下效果的条形图。

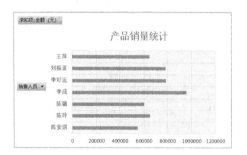

09 在其中一个字段按钮上单击鼠标右键，例如在"求和项：金额（元）"字段按钮上单击鼠标右键，在弹出的下拉列表中选择【隐藏图表上的所有字段按钮】选项。

10 选中最长的条，单击鼠标右键，单击【填充】按钮，在弹出的下拉列表中选择【黑色，文字1，淡色15%】选项。

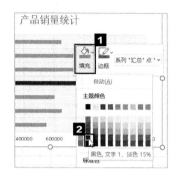

11 选中条形图，单击鼠标右键，在弹出的快捷菜单中选择【添加数据标签】→【添加数据标签】选项，为条形图添加数据标签。

12 美化好的条形图如下图所示。

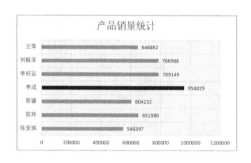

9.3 公司商品库存结构分析

公司商品库存结构分析是将库存数据按照各库存商品的种类进行统计，然后用结构和占比分析类型的图表来进行展示，例如饼图或圆环图，下面介绍这两种图表的具体制作方法。

9.3.1 饼图的制作

制作饼图的具体操作步骤如下。

配套资源
第9章\库存商品表—原始文件
第9章\库存商品表—最终效果

请观看视频

01 打开本实例的原始文件，以库存商品表中的数据为基础创建数据透视表（在【数据透视表字段】任务窗格中，将【商品名称】【期末金额（元）】字段依次拖曳至【行】字段和【值】字段区域中）。

行标签	求和项:期末金额（元）
魅蓝2	9990
魅蓝3	9995
魅蓝4	34986
荣耀8	2899
小米5S	41979
小米mix	40586
总计	140435

02 在【求和项：期末金额（元）】列上单击鼠标右键，在弹出的快捷菜单中选择【值显示方式】→【总计的百分比】选项。

03 【求和项：期末金额（元）】列即以总计的百分比的方式显示数据。

行标签	求和项:期末金额（元）
魅蓝2	7.11%
魅蓝3	7.12%
魅蓝4	24.91%
荣耀8	2.06%
小米5S	29.89%
小米mix	28.90%
总计	100.00%

04 单击数据透视表中的任意单元格，切换到【插入】选项卡，在【图表】组中单击【插入饼图或圆环图】按钮，在弹出的下拉列表中选择【饼图】选项，插入饼图。

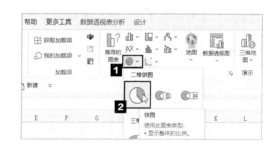

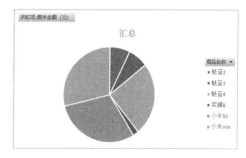

171

05 选中图表，单击【图表元素】按钮，在弹出的下拉列表中选择【数据标签】→【数据标注】选项，为饼图添加数据标注。

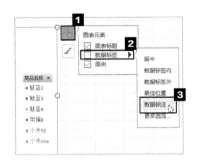

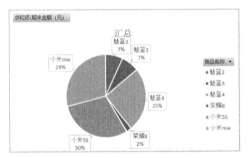

06 在其中一个字段按钮上单击鼠标右键，例如在"求和项：期末金额（元）"字段按钮上单击鼠标右键，在弹出的快捷菜单中选择【隐藏图表上的所有字段按钮】选项。

07 选中图表标题，将标题改成"库存占比分析"。

08 图表效果如下图所示。

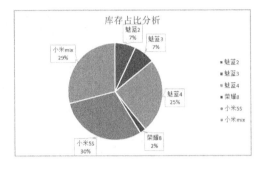

09 选中图表，单击【图表样式】按钮，在【样式】选项卡中选择【样式6】选项，为图表应用【样式6】样式。

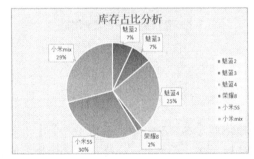

10 单击【图表样式】按钮，在【颜色】选项卡中选择【彩色调色板2】选项，饼图即可变成下页图所示的效果。

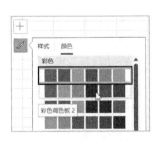

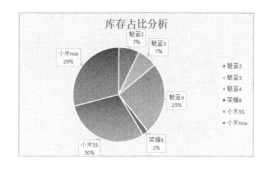

11 调整图表标题的位置，美化好的图表如下图所示。

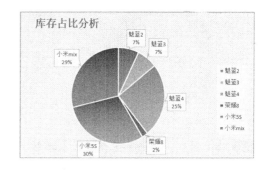

9.3.2 圆环图的制作

制作圆环图的具体操作步骤如下。

配套资源
第9章\库存商品表01—原始文件
第9章\库存商品表01—最终效果

请观看视频

01 打开本实例的原始文件，以库存商品表中的数据为基础创建数据透视表（在【数据透视表字段】任务窗格中，将【商品名称】和【期末金额（元）】字段依次拖曳至【行】字段和【值】字段区域中）。

行标签 ▼	求和项:期末金额（元）
魅蓝2	9990
魅蓝3	9995
魅蓝4	34986
荣耀8	2899
小米5S	41979
小米mix	40586
总计	140435

02 在【求和项：期末金额（元）】列上单击鼠标右键，在弹出的快捷菜单中选择【值显示方式】→【总计的百分比】选项。

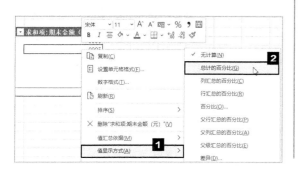

03 【求和项：期末金额（元）】列以总计的百分比的形式显示数据。

行标签 ▼	求和项:期末金额（元）
魅蓝2	7.11%
魅蓝3	7.12%
魅蓝4	24.91%
荣耀8	2.06%
小米5S	29.89%
小米mix	28.90%
总计	100.00%

04 单击数据透视表中的任意单元格，切换到【插入】选项卡，在【图表】组中单击【插入饼图或圆环图】按钮，在弹出的下拉列表中选择【圆环图】选项，插入圆环图。

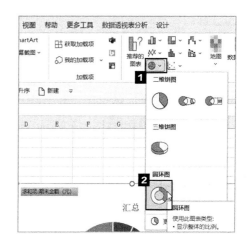

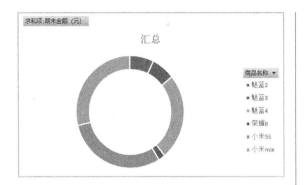

05 选中图表，单击【图表样式】按钮，在【样式】选项卡中选择【样式10】选项，为图表应用【样式10】样式。

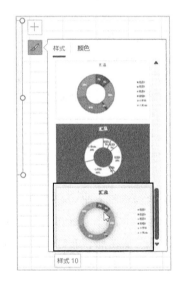

06 选中图表标题，将标题改成"库存占比分析"。

07 在其中一个字段按钮上单击鼠标右键，例如在"求和项：期末金额（元）"字段按钮上单击鼠标右键，在弹出的快捷菜单中选择【隐藏图表上的所有字段按钮】选项。

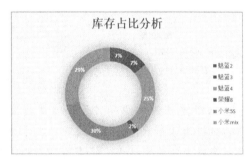

提示

如何快速切换图表类型？

以将圆环图切换为饼图为例，在圆环图上单击鼠标右键，在弹出的快捷菜单中选择【更改图表类型】选项。

在弹出的对话框中，在【饼图】选项卡下选择【饼图】选项，单击【确定】按钮，即可将圆环图切换为饼图。

9.4 电商带货趋势分析

电商带货趋势分析是将一定期间（一般半年以上）内的电商带货数据进行统计，然后用趋势走向分析类型的图表来进行展示，例如折线图或面积图，下面依次介绍这两种图表的制作方法。

9.4.1 折线图的制作

制作折线图的具体操作步骤如下。

01 打开本实例的原始文件，单击数据区域的任意单元格，切换到【插入】选项卡，在【图表】组中单击【插入折线图或面积图】按钮，在弹出的下拉列表中选择【折线图】选项，插入折线图。

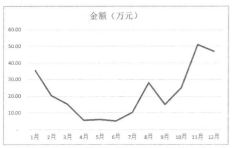

02 选中图表，单击【图表样式】按钮，在【样式】选项卡中选择【样式4】选项。

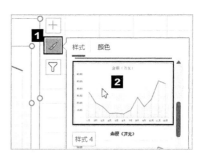

03 选中图表标题，将标题改成"2021年电商销售额趋势分析（万元）"并拖曳调整其位置。

04 折线图的效果如下图所示。

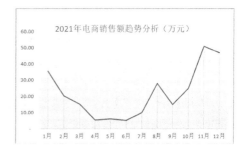

05 选中折线图，单击【图表元素】按钮，在弹出的下拉列表中单击【数据标签】右侧的三角按钮，在其级联列表中选择【上方】选项，为图表添加数据标签。

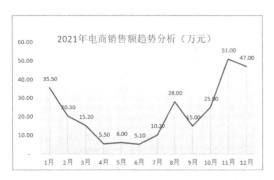

06 双击多余的数据标签将其选中，然后按【Delete】键将其删除，只保留最高点和最低点的数据标签，折线图就美化好了。

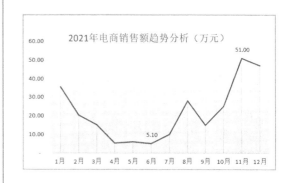

9.4.2 面积图的制作

制作面积图的具体操作步骤如下。

配套资源
第9章\电商销售额汇总表01—原始文件
第9章\电商销售额汇总表01—最终效果

请观看视频

01 打开本实例的原始文件，单击数据区域的任意单元格，切换到【插入】选项卡，在【图表】组中单击【插入折线图或面积图】按钮，在弹出的下拉列表中选择【面积图】选项，插入面积图。

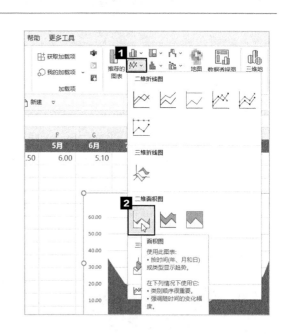

	A	B	C	D	E	F	G
1	月份	1月	2月	3月	4月	5月	6月
2	金额（万元）	35.50	20.30	15.20	5.50	6.00	5.10
3							

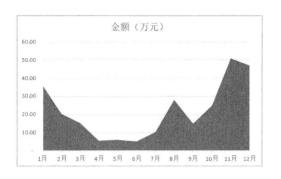

02 选中面积图，单击【图表样式】按钮，在【样式】选项卡中选择【样式10】选项。

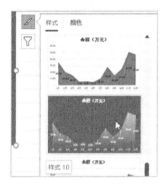

03 选中面积图的标题，将标题改成"2021年电商销售额趋势分析（万元）"并拖曳调整其位置。

04 面积图的效果如下图所示。

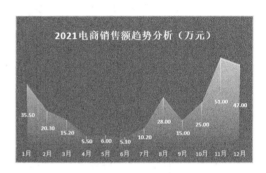

05 将多余的数据标签删除，只保留最高点和最低点的数据标签，美化好的面积图如下图所示。

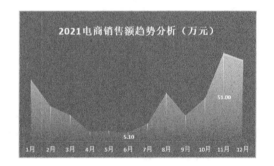

问题解答

如何让柱形图变成山峰图

如何让下图左侧所示的柱形图变成右侧所示的山峰图呢？

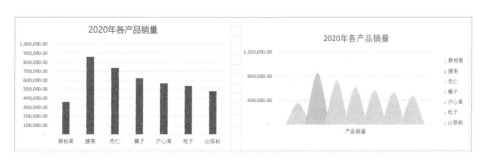

这就需要在柱形图的基础上进行变形，先绘制出山峰形状，再将山峰形状复制到柱形图上。在基础图表的基础上进行变形的核心原则是"复制粘贴"。具体步骤如下。

01 单击工作表中的任一单元格，切换到【插入】选项卡，在【插图】组中单击【形状】按钮，选择【等腰三角形】选项，然后按住鼠标左键并拖曳鼠标绘制出一个三角形。

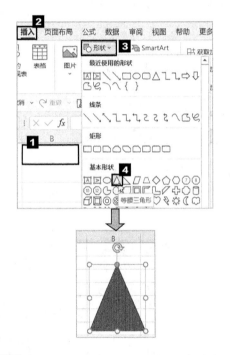

02 在三角形上单击鼠标右键，在弹出的快捷菜单中选择【编辑顶点】选项。

03 在三角形右侧的边上单击鼠标右键，在弹出的快捷菜单中选择【曲线段】选项，右侧的边就会变成曲线。对三角形左侧的边进行同样的操作。

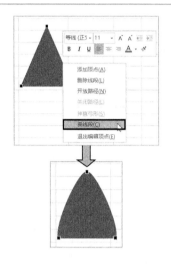

04 适当调节左、右下顶点，将三角形做成山峰形状。

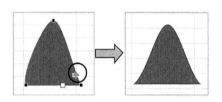

05 将山峰形状复制一份，并分别对两个山峰形状填充颜色、设置边框，做出两个颜色不同的山峰形状。

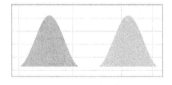

06 在柱形图上单击鼠标右键，在弹出的快捷菜单中选择【选择数据】选项，在弹出的对话框中单击【切换行/列】按钮，单击【确定】按钮。

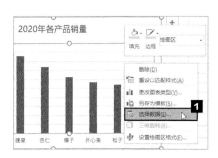

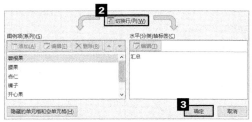

07 在柱形图的其中一个柱子上单击鼠标右键，在弹出的快捷菜单中选择【设置数据系列格式】选项，在弹出的【设置数据系列格式】任务窗格中将【系列重叠】设置为【24%】，将【间隙宽度】设置为【53%】。

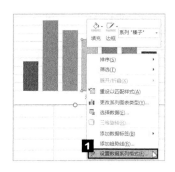

08 柱形图呈现出重叠的效果。

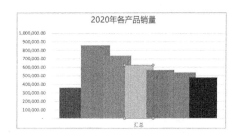

09 将橙黄色的山峰形状复制粘贴给最高的柱子，将绿色的山峰形状复制粘贴给其他柱子。

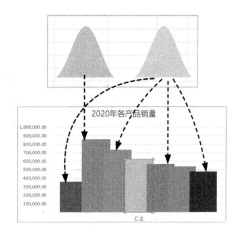

10 修改横坐标轴的名称，并为图表添加图例。山峰图的最终效果如下图所示。

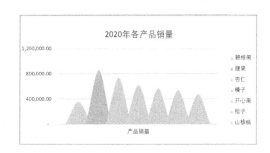

第3篇

PPT的设计与制作

PPT 以文字、图形及动画的方式将需要表达的内容直观、形象地展示给观众，让观众对 PPT 传递的信息印象深刻。PPT 广泛应用于工作汇报、企业宣传、产品推介、婚礼庆典、项目竞标、管理咨询、教育培训等。

第 10 章 PPT 的编辑与设计

第 11 章 使用模板快速制作 PPT

第 12 章 PPT 的动画设置与放映

第10章

PPT 的编辑与设计

编辑和设计出一份好的PPT的方法有两种：一种是自己创作；另一种是对他人已做好的模板加以改造。本章将介绍自己创作PPT的方法，以制作"产品营销计划书"为例，"手把手"教读者制作PPT。

学习导图

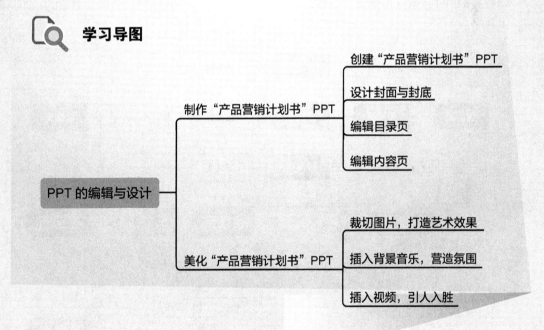

10.1 制作"产品营销计划书"PPT

产品营销计划书是企业根据市场变化和自身实力，对企业的产品、资源及产品所指向的市场进行整体规划的计划性书面材料。为向领导或客户汇报或介绍产品营销计划书，通常需要制作PPT。

10.1.1 创建"产品营销计划书"PPT

创建"产品营销计划书"PPT之前，需要先知晓PPT的框架结构，并厘清本次PPT制作的思路。

1. PPT的框架结构

一份完整的PPT通常是由封面页、目录页、过渡页、正文页和结尾页这5部分组成的，如下图所示。

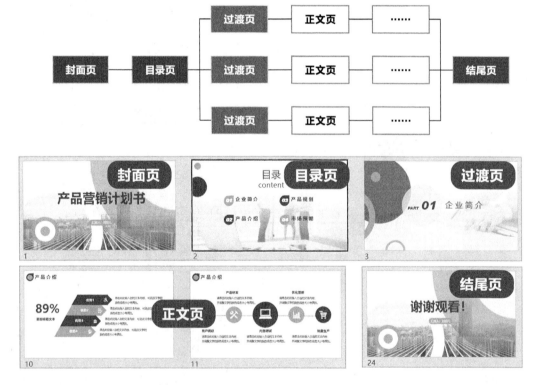

需要注意的是，并不是所有PPT都必须包含这5个部分。有的PPT内容相对较少且结构简单，可以直接省略过渡页。

了解PPT的框架结构后，接下来介绍制作PPT的思路。

2. 制作PPT的思路

很多人在制作PPT时，没有明确的思路，直接就开始一页页地填充文字和美化页面，边想边写，边写边美化，写的过程中才考虑每一页的标题、上下页的逻辑关系等。这样做很可能会导致PPT的逻辑不清，或每个页面的背景和风格都不同。

所以，清晰的思路对PPT的制作很重要。少了它，不仅效率低下，还会降低PPT的档次。因为一份好的PPT必然是逻辑清晰、风格统一的。只有提前进行规划，明确PPT的受众需求，厘清思路，才能做出一份好的PPT。

制作PPT的正确思路如下图所示。下面进行简要介绍。

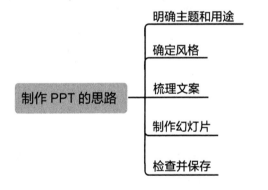

○ 明确主题和用途

在制作PPT之前，首先要考虑的就是PPT要表达的主题及其用途。明确PPT要表达的主题和用途的最终目的是方便确定PPT的框架结构。

产品营销计划书PPT主要用于为公司的产品营销寻找新的合作伙伴，那么PPT要表达的主题就是介绍公司的产品，PPT的用途就是吸引客户、招商。

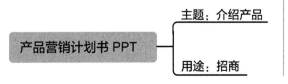

○ 确定风格

确定风格主要是指确定PPT的设计风格。这一方面取决于PPT的主题，另一方面取决于观众。

例如，如果PPT的主题是工作总结、商业推广，则通常使用商务风或简约风，如果使用卡通风，就会显得随意、不严谨。因此产品营销计划书的PPT选用商务风。

PPT的观众如果是商务人士，使用商务风或简约风就绝对没问题；但是如果观众是未成年人，卡通风才是更合适的选择。

○ 梳理文案

梳理文案的目的在于精简文字、突出重点。文字太多会让观众抓不住重点，PPT仅对重点文字进行展示，所以需对其文案进行精简，提炼出核心观点。

在原始文案的基础上对大篇幅文字进行提炼总结，最后得到梳理过的精华文案。

○ 制作幻灯片

主题、风格和文案确定好之后，接下来就可以动手制作PPT了。为了使风格统一，PPT中各页面的背景通常是相同的，因此可以直接创建一个母版，在母版中设置背景，这样就可以省去反复设置背景的麻烦。

○ 检查并保存

在做完PPT之后，一定要记得保存。另外，在保存PPT时，建议同时保存一份PDF文件，这是因为PDF文件通用性较好，还适合在手机端快速浏览。

3. 创建PPT

确定好"产品营销计划书"PPT采用的风格为商务风和简约风后，就可以开始创建PPT了。

○ 单击鼠标右键新建

在文件夹内单击鼠标右键，在弹出的快捷菜单中选择【新建】→【Microsoft PowerPoint演示文稿】选项，即可新建演示文稿。

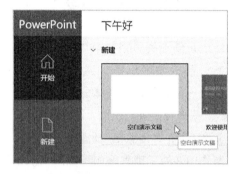

PPT在制作过程中应及时保存，以免因停电或没有制作完成就误将PPT关闭而造成不必要的损失。保存PPT的具体步骤如下。

01 在PowerPoint窗口中的快速访问工具栏中单击【保存】按钮。

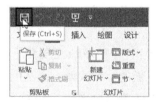

02 从弹出的界面中选择【另存为】→【浏览】选项。

○ 在PowerPoint开始界面新建

通常情况下，启动 PowerPoint 2021 之后，在 PowerPoint 开始界面选择【空白演示文稿】选项，即可创建一个名为"演示文稿1"的空白演示文稿。

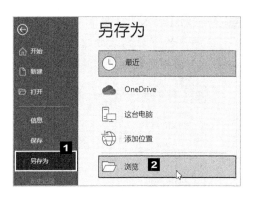

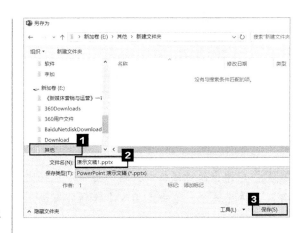

03 在弹出的【另存为】对话框中选择合适的文件保存位置，修改文件名，单击【保存】按钮。

10.1.2 设计封面与封底

下面开始根据梳理好的产品营销计划书文案设计"产品营销计划书"PPT的封面和封底。操作步骤如下。（本实例的文字使用微软雅黑字体。）

1. 创建封面

仔细观察封面，从内向外拆解，它的背景由一张图片加上一张蒙版制作而成，表面的形状是由圆形和环形经设计后组成的，文字来源于产品营销计划书。

⭕ 插入背景图片并设置蒙版

01 将光标定位到幻灯片中，切换到【插入】选项卡，单击【图片】按钮，在弹出的下拉列表中选择【此设备】选项。

配套资源
第10章\图片1—原始文件、产品营销计划书—原始文件
第10章\产品营销计划书—最终效果

请观看视频

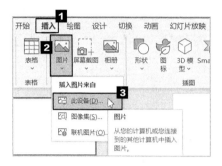

02 在弹出的对话框中找到"图片1-原始文件"，将其选中，单击【插入】按钮即可插入该图片。

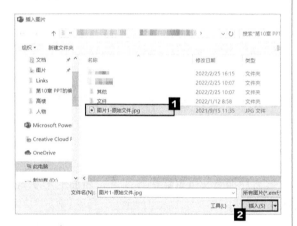

03 拖曳图片上的控制点来调整图片的大小，使图片正好覆盖整个幻灯片页面。

04 切换到【插入】选项卡，单击【形状】按钮，在弹出的下拉列表中选择【矩形】选项，按住鼠标左键并拖曳鼠标绘制一个矩形。

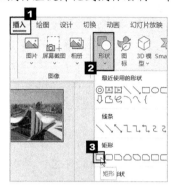

05 拖曳矩形上的控制点来调整矩形的大小，使矩形正好覆盖整个幻灯片页面。

06 选中矩形，切换到【形状格式】选项卡，单击【形状填充】按钮的右半部分，在弹出的下拉列表中选择【其他填充颜色】选项。

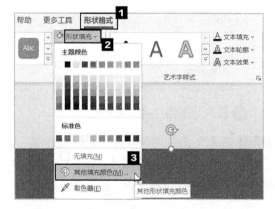

07 弹出【颜色】对话框，切换到【自定义】选项卡，将颜色的R、G、B值分别设置为"217""217""217"，将透明度设置为"30%"，单击【确定】按钮，蒙版设置完毕。

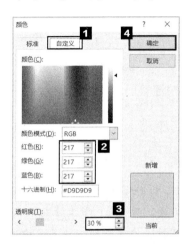

○ 插入形状并设置

01 切换到【插入】选项卡，单击【形状】按钮，在弹出的下拉列表中选择【椭圆】选项，按住鼠标左键并拖曳鼠标绘制一个圆形。

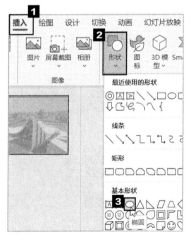

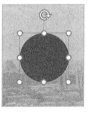

02 将该圆形复制两份，得到3个圆形。

03 选中圆形，切换到【形状格式】选项卡，对3个圆形的尺寸分别进行如下设置。

04 单击最小的圆形，切换到【形状格式】选项卡，单击【形状填充】按钮的右半部分，在弹出的下拉列表中选择【其他填充颜色】选项。

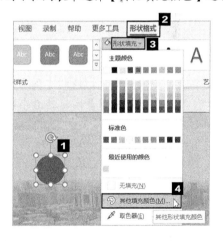

05 弹出【颜色】对话框，切换到【自定义】选项卡，将颜色的R、G、B值分别设置为"221""183""118"，将透明度设置为"10%"，单击【确定】按钮，最小圆形的颜色设置完毕。将最大的圆形也设置为相同的颜色。

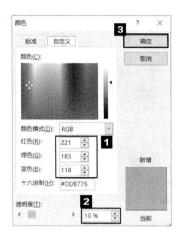

06 按照同样的方法将第二大的圆形颜色的R、G、B值分别设置为"255""255""255"，单击【确定】按钮。

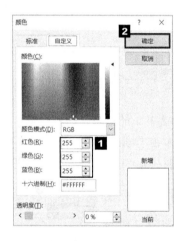

07 单击最小的圆形，切换到【形状格式】选项卡，单击【形状轮廓】按钮的右半部分，在弹出的下拉列表中选择【无轮廓】选项。

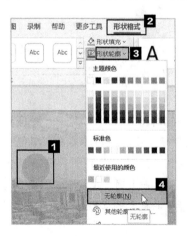

08 将其他两个圆形也设置为无轮廓。效果如下图所示。

09 将3个圆形按照由大到小的顺序叠放并组合。组合方法：按住【Ctrl】键选中3个圆形，单击鼠标右键，在弹出的快捷菜单中选择【组合】→【组合】选项。

提示

　　叠放时，如果最小的形状不能显示在最上面，可以通过设置排序来解决，方法是在形状上单击鼠标右键，在弹出的快捷菜单中选择【置于顶层】选项。

10 将组合好的形状拖曳到左下角位置，如下图所示。

11 切换到【插入】选项卡，单击【形状】按钮，在弹出的下拉列表中选择【圆：空心】选项，按住鼠标左键并拖曳鼠标绘制一个空心椭圆形。

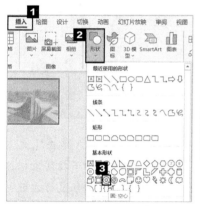
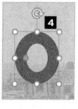

12 将该形状复制一份，得到两个空心椭圆形。

13 单击空心椭圆形，切换到【形状格式】选项卡，对两个空心椭圆形的尺寸分别进行如下设置，使之变成空心圆形。

14 单击小空心圆形，切换到【形状格式】选项卡，单击【形状填充】按钮的右半部分，在弹出的下拉列表中选择【其他填充颜色】选项。

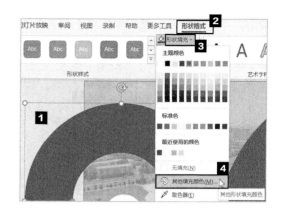

15 弹出【颜色】对话框，切换到【自定义】选项卡，将颜色的R、G、B值分别设置为"255""255""255"，将透明度设置为"30%"，单击【确定】按钮。

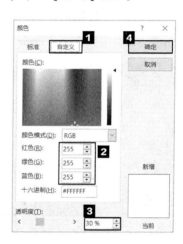

16 按照同样的方法设置大空心圆形的颜色，将透明度设置为"75%"，单击【确定】按钮。

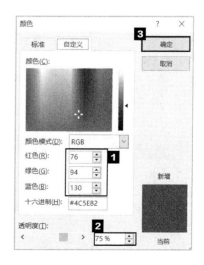

17 单击小空心圆形，切换到【形状格式】选项卡，单击【形状轮廓】按钮的右半部分，在弹出的下拉列表中选择【无轮廓】选项。

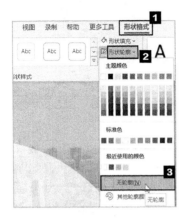

18 将大空心圆形也设置为无轮廓，效果如下图所示。

19 在小空心圆形上单击鼠标右键，在弹出的快捷菜单中选择【大小和位置】选项。

20 在弹出的【设置形状格式】任务窗格中将【位置】设置为右上方左侧图所示数据，大

空心圆形也按照相同的方法将【位置】设置为右下图数据。

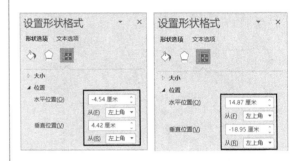

21 设置好后效果如下图所示。

22 切换到【插入】选项卡，单击【文本框】按钮的下半部分，在弹出的下拉列表中选择【绘制横排文本框】选项，按住鼠标左键并拖曳鼠标绘制一个文本框。

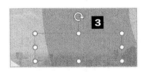

23 在文本框中输入标题内容"产品营销计划书"。将标题的字体、字号分别设置为微软雅黑、80。单击【字体颜色】按钮的右半部分，在弹出的下拉列表中选择【其他颜色】选项。

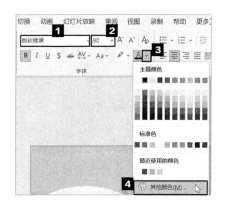

24 弹出【颜色】对话框，切换到【自定义】选项卡，设置颜色的R、G、B值，单击【确定】按钮。

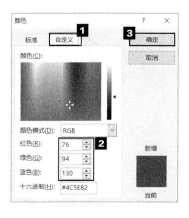

○ 填写文案

01 切换到【插入】选项卡，单击【形状】按钮，在弹出的下拉列表中选择【流程图：终止】选项，在标题正下方按住鼠标左键并拖曳鼠标绘制一个形状。

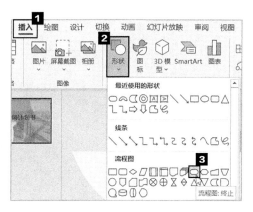

02 在形状中输入"汇报人：刘菲儿"，并将其字体、字号分别设置为微软雅黑、18，将字体颜色设置为【白色，背景1】。

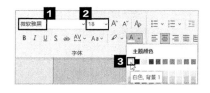

03 选中该形状，在【形状格式】选项卡中将其设置为金色、无轮廓。

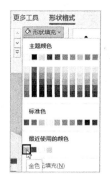 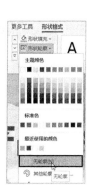

04 封面页设置好后效果如下图所示。

2. 创建封底

封底一般和封面背景一致，只是文案不同，以起到前后呼应的效果，因此可以将封面页复制一份，修改其中的文案，制作出封底。

配套资源
第10章\产品营销计划书01—原始文件
第10章\产品营销计划书01—最终效果

请观看视频

■■ **01** 在PowerPoint左侧的浏览栏中的封面页上单击鼠标右键，在弹出的快捷菜单中选择【复制幻灯片】选项，将封面页复制一份。

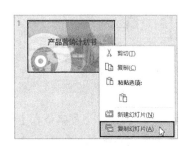

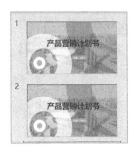

■■ **02** 将第二张幻灯片的文案修改为"谢谢观看！"并调整位置。

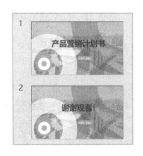

10.1.3　编辑目录页

目录页的制作与封面页的制作大同小异，它的背景由一张图片加上一张蒙版制作而成，表面的形状是由圆形和环形经设计后组成的，文字来源于产品营销计划书。

配套资源
第10章\图片2—原始文件、产品营销计划书02—原始文件
第10章\产品营销计划书02—最终效果

请观看视频

○ 复制封面页并删除不需要的元素

■■ **01** 在PPT的封面页上单击鼠标右键，在弹出的快捷菜单中选择【复制幻灯片】选项，将封面页复制一份。

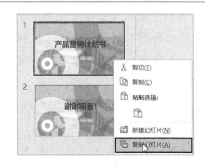

02 将复制的封面页中的文案删除，并删除右侧的空心圆形。

03 在左侧的3个圆形上单击鼠标右键，在弹出的快捷菜单中选择【组合】→【取消组合】选项，取消组合后删除最小的圆形，将剩余的两个圆形分开摆放，得到下图所示效果。

○ **替换背景图片**

01 拖曳蒙版的控制点，将蒙版右移，露出原图片，将原图片删除，并插入"图片2—原始文件"（步骤同前文，不再重复叙述）。

02 选中图片后切换到【图片格式】选项卡，单击【裁剪】按钮的下半部分，在弹出的下拉列表中选择【纵横比】→【16:9】选项，将图片截切为与幻灯片相同的比例。拖曳图片四角控制点，将图片调整至幻灯片大小。

03 单击图片，切换到【图片格式】选项卡，执行4次单击【下移一层】按钮的下半部分→选择【下移一层】选项的操作，将图片放置好。

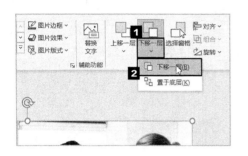

04 拖曳蒙版使其盖住整张幻灯片。

○ 设置形状

01 小圆的大小、位置及颜色设置如右上图所示（步骤同前文）。

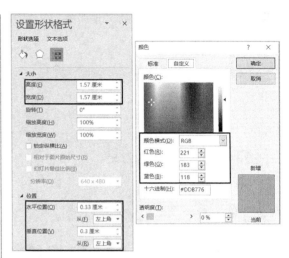

02 大圆的大小、位置及颜色设置如下图所示（步骤同前文）。

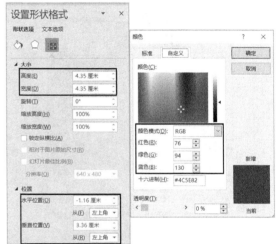

03 圆环的大小、位置如右图所示，颜色无须改变（步骤同前文）。

◯ 填写文案

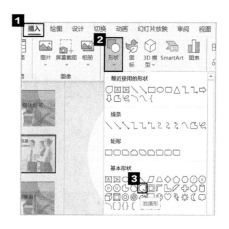

01 插入文本框，在文本框中输入"目录content"，其中"目录"的字体、字号分别为微软雅黑、60，"content"的字体、字号分别为微软雅黑、44，字体颜色为封面页字体用的蓝色（步骤同前文）。

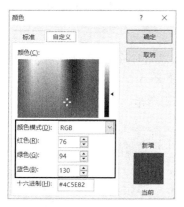

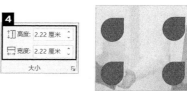

03 将泪滴形的颜色设置为两个金色，两个蓝色，都设置为无轮廓（步骤同前文）。

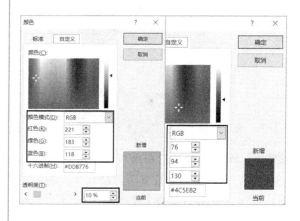

02 切换到【插入】选项卡，单击【形状】按钮，在弹出的下拉列表中选择【泪滴形】选项，在目录文本框正下方按住鼠标左键并拖曳鼠标绘制一个形状，将其高度、宽度都设置为2.22厘米，并复制3份，得到4个泪滴形（步骤同前文）。

04 插入文本框，在文本框中输入"01"，将字体格式设置为微软雅黑、28、加粗、白色。

05 将"01"文本框与1个金色泪滴组合（步骤同前文）。

06 按照上述方法得到如下4个组合。

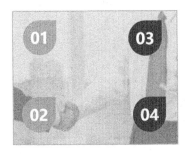

07 插入文本框，在文本框中输入"企业简介"，将字体格式设置为微软雅黑、28、加粗，将字符间距设置为【很松】。

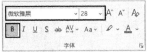

08 按住【Ctrl】键，将"01"形状和"企业简介"文本框同时选中，切换到【形状格式】选项卡，单击【排列】按钮，在弹出的下拉列表中选择【对齐】→【垂直居中】选项，然后将这二者组合在一起，效果如下图所示。

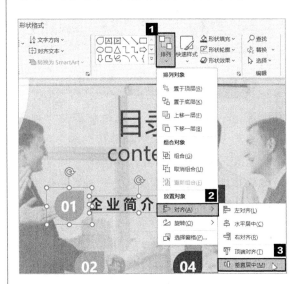

09 按照相同的方法填写其他3项文案，并为其他3项文案与3个形状分别设置对齐和组合，效果如下图所示。

10 按住【Ctrl】键，将"01企业简介"和"03产品规划"同时选中，切换到【形状格式】选项卡，单击【排列】按钮，在弹出的下拉列表中选择【对齐】→【垂直居中】选项，然后将这二者组合在一起。用同样的方法将"02产品介绍"和"04市场预期"对齐，效果如下页图所示。

11 按住【Ctrl】键，将"目录content""01企业简介，03产品规划""02产品介绍，04市场预期"同时选中，并设置其为【水平居中】，效果如下图所示。

提示

观察上图所示目录页，发现蒙版过于透明，突出了图片，无法突出文字，因此将蒙版的【透明度】调整为10%（步骤同前文）。

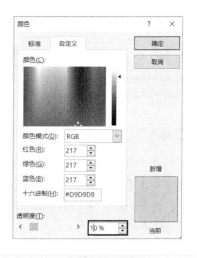

12 目录页的最终效果如下图所示。

10.1.4 编辑内容页

内容页的制作与封面页、目录页的制作同理，它们都是由图片、形状、文案中的3种或两种组成的，下面以两页内容页为例来展示如何编辑内容页。

第1张内容页主要由形状和图标组成，制作步骤如下。

◯ 插入形状并设置

01 在目录页上单击鼠标右键，在弹出的快捷菜单中选择【新建幻灯片】选项，新建一张幻灯片，删除幻灯片中的两个文本框，使之变成空白幻灯片。

02 从目录页中复制蓝色的泪滴形和金色的圆形，将其粘贴到内容页。

03 将蓝色泪滴形和金色圆形的大小分别按下图所示数值进行设置，设置完成后将圆形放到泪滴形正中，将其组合在一起并移动到幻灯片左上角。

04 插入文本框，在文本框中输入"产品介绍"，将字体格式设置为微软雅黑、28、加粗，将字符间距设置为【很松】，将文本框与形状垂直居中对齐并组合。

05 插入形状【箭头：五边形】，在幻灯片中按住鼠标左键并拖曳鼠标绘制一个形状，将其大小设置为高2.32厘米、宽9.4厘米。

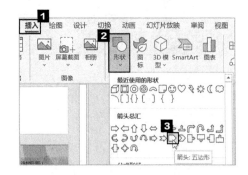

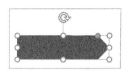 

06 将该形状复制3份，间隔填充为蓝色和金色，无轮廓。

07 插入直角三角形。

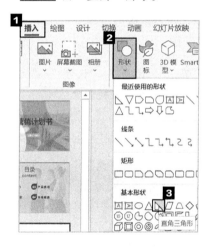 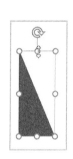

08 拖曳该直角三角形顶部中间的控制点，使其倒置，将其大小按下图所示进行设置。

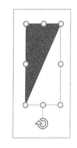 

09 将直角三角形拖曳至4个五边形处，盖住五边形的左侧。

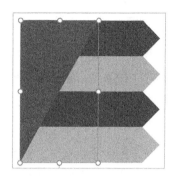

10 向右拖曳第1个五边形，直至五边形左下角的控制点位于直角三角形的斜边上。

11 按照相同的方法操作第2个和第3个五边形。

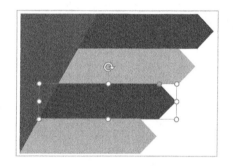

12 将直角三角形设置为白色、无轮廓。

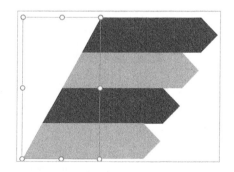

○ 插入图标

此页要展示产品的4个优势：品牌影响力大、设计精巧、成本低、技术高，可以以"影响""设计""成本""技术"为关键词搜索图标。

01 切换到【插入】选项卡，单击【图标】按钮，在弹出的【图标】选项卡的搜索框中输入"影响"，搜索出相应图标，并将其选中。

02 单击右下角的【插入】按钮，将图标插入幻灯片。

03 将图标的填充颜色和轮廓颜色设置为白色，大小设置如左下图所示，将图标放到第1个五边形右侧。

04 其他3个图标的设置同理，图标设置好之后使其与形状进行组合，放置的位置如右上图所示。

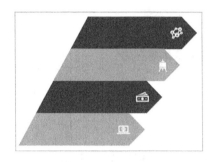

○ 插入文本框，输入文案

插入文本框，输入文案的步骤不再展示，此处只展示文案参数。

01 文案"优势1""优势2""优势3""优势4"的字体格式设置参数是微软雅黑、20号、白色、加粗。

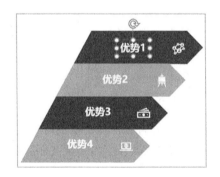

02 形状右侧文案的字体格式设置参数是微软雅黑、16号、黑色。

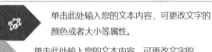

03 形状左侧百分比文案的字体格式设置参数是微软雅黑、72号、蓝色、加粗，文字文案的字体格式设置参数是微软雅黑、20号、黑色、加粗。

04 第1张内容页就设计好了，效果如下图所示。

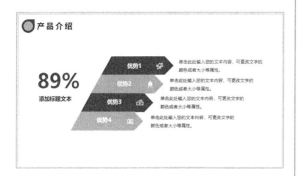

第2张内容页主要由图表和表格组成。制作带有图表和表格的幻灯片的一种方法是直接在幻灯片中插入图表；另一种方法是先在Excel中制作出图表，然后将其插入PPT中。这里采用第2种方法，因为这种方法在制作图表时更加方便灵活，也易于图表的修改和保存。具体步骤如下。

提示

对在Excel中制作的图表进行美化时，应使其与PPT风格保持一致。

配套资源
第10章\图表—原始文件、产品营销计划书04—原始文件
第10章\产品营销计划书04—最终效果

请观看视频

01 根据制作好的第一张内容页复制一张新的幻灯片。

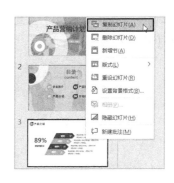

02 删除新幻灯片中的内容，只保留左上角的标题，将标题文本修改为"市场预期"。

03 切换到【插入】选项卡，单击【对象】按钮。

04 在弹出的【插入对象】对话框中选中【由文件创建】单选钮，单击【浏览】按钮。

05 在弹出的对话框中选中【图表-原始文件】，单击【确定】按钮。

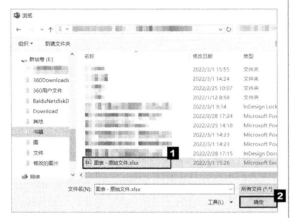

06 返回【插入对象】对话框，单击【确定】按钮。

07 将图表插入PPT中的效果如下图所示。

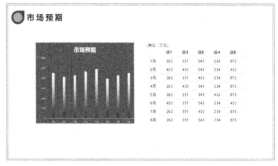

08 拖曳图表四角的控制点调整图表的大小，效果如下图所示。注意不要拖曳中间点，否则会导致图表变形。

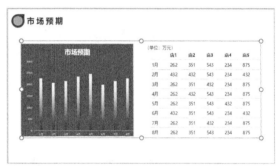

> **提示**
>
> 若Excel中图表数据发生变动，则按照上述方法将其重新插入PPT中。

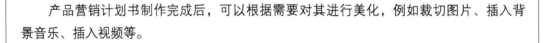

10.2 美化"产品营销计划书"PPT

产品营销计划书制作完成后，可以根据需要对其进行美化，例如裁切图片、插入背景音乐、插入视频等。

10.2.1 裁切图片，打造艺术效果

前文介绍的都是在PPT中插入整张图片，然后在图片上方插入蒙版，使其作为整体背景。其实还可以对插入的图片进行裁切，从而打造艺术效果。

下图所示的内容页就充分利用了裁切图片功能，从而达到美化PPT的效果。下面以它为例讲解如何裁切图片。

01 根据制作好的第1张内容页复制一张新的幻灯片。

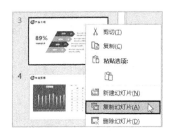

02 删除新幻灯片的内容，只保留标题部分，将标题文本修改为"创始人"。

03 在幻灯片中插入矩形和直角三角形。

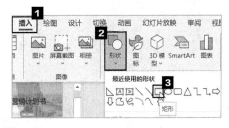

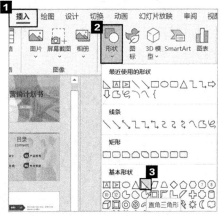

04 拖曳直角三角形正上方中间的控制点，将直角三角形倒置，效果如下图所示。

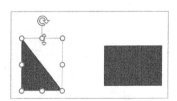

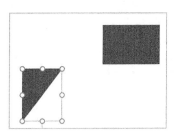

05 将矩形填充为深蓝色，使其覆盖整个幻灯片，并将其置于底层。

06 拖曳直角三角形的控制点，使其覆盖下图所示的幻灯片区域。

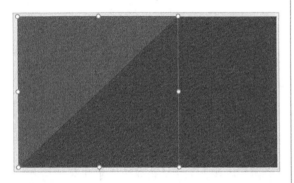

07 将直角三角形设置为白色，下移一层，放到深蓝色矩形和标题中间。

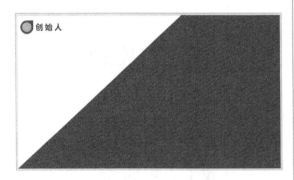

08 切换到【插入】选项卡，单击【图片】按钮，在弹出的下拉列表中选择【此设备】选项。

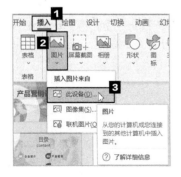

09 在弹出的对话框中选中【图片3-原始文件】，单击【插入】按钮。

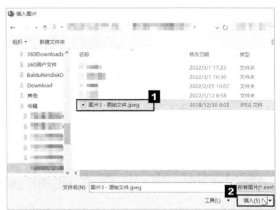

10 单击图片，切换到【图片格式】选项卡，单击【裁剪】按钮的下半部分，在弹出的下拉列表中选择【纵横比】→【1:1】选项，图片进入可裁剪状态。

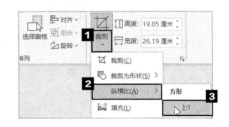

11 单击图片区域外任意一点，图片被裁剪成1:1的比例。

12 选中图片，切换到【图片格式】选项卡，单击【裁剪】按钮的下半部分，在弹出的下拉列表中选择【裁剪为形状】→【流程图:接点】选项，将图片裁剪为圆形。

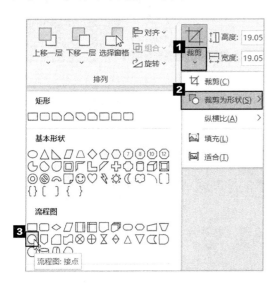

13 按右上图所示设置图片的大小。

14 选中图片，切换到【图片格式】选项卡，单击【图片边框】按钮的右半部分，在弹出的下拉列表中选择【粗细】→【其他线条】选项。

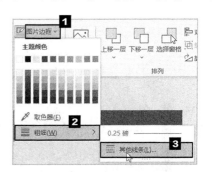

15 在弹出的【设置图片格式】任务窗格中将【颜色】设置为"金色"，将【宽度】设置为"12磅"。

16 设置后的效果如下图所示。

17 将裁剪好的图片放到下图所示位置。

18 插入形状"流程图：终止"并将其放在幻灯片左下方，经过设置后添加文案（步骤同前文），最终效果如下图所示。

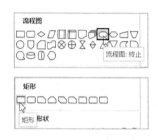

该PPT其他内容页和过渡页的制作同理，这里不再展示具体步骤，各幻灯片的最终效果如下图所示。

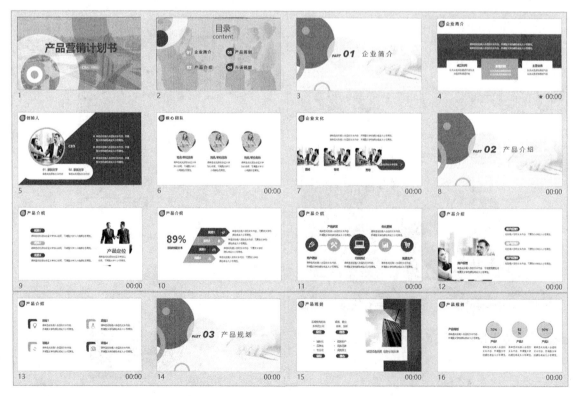

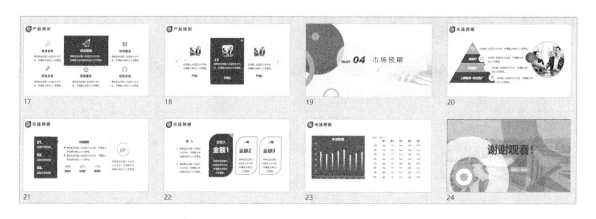

10.2.2 插入背景音乐，营造氛围

背景音乐可以激发观众的观看兴趣，营造氛围。在挑选背景音乐时，应选择与PPT主题相符合的背景音乐，从而起到强化演讲效果的作用。在PPT中插入背景音乐的具体步骤如下。

配套资源

第10章\录音—原始文件、
产品营销计划书06—原始文件

第10章\产品营销计划书06—最终效果

请观看视频

01 单击PPT首页空白处，切换到【插入】选项卡，单击【音频】按钮，在弹出的下拉列表中选择【PC上的音频】选项。

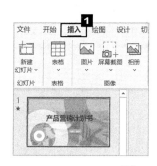

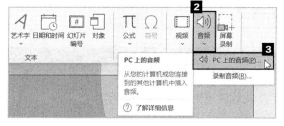

02 在弹出的【插入音频】对话框中选择要插入的背景音乐，单击【插入】按钮，将背景音乐插入PPT。

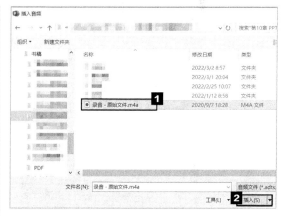

03 将背景音乐图标拖曳至幻灯片的左上方，以免遮挡幻灯片标题。

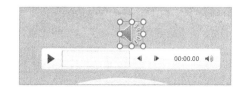

这样背景音乐就成功插入了，在放映PPT时，只要提前单击播放按钮，就可使背景音乐贯穿放映的全过程。

10.2.3 插入视频，引人入胜

在PPT中插入视频辅助演讲，可使整个演讲过程更加生动形象。在PPT中插入视频的操作步骤如下。

配套资源
第10章\视频—原始文件、
产品营销计划书07—原始文件
第10章\产品营销计划书07—最终效果

请观看视频

01 单击将要插入视频的幻灯片页面的空白处，切换到【插入】选项卡，单击【视频】按钮，在弹出的下拉列表中选择【此设备】选项。

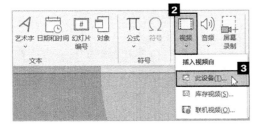

02 在弹出的对话框中选择要插入的视频，单击【插入】按钮，将视频插入PPT。

03 拖曳视频四角的控制点调整视频大小并将其拖曳到幻灯片的右上方，以免遮挡幻灯片标题。播放时单击【播放/暂停】按钮即可。

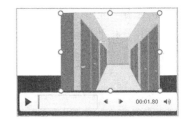

问题解答

如何快速修改PPT字体

当PPT中的字体不符合需求时，可以使用替换字体功能快速修改整个PPT的字体。

01 切换到【开始】选项卡，单击【替换】按钮的右半部分，在弹出的下拉列表中选择【替换字体】选项。

02 弹出【替换字体】对话框，在【替换为】下拉列表中选择新字体，单击【替换】按钮，即可将PPT的字体全部替换。

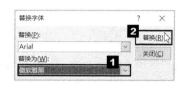

如何和同事共同创作一份PPT

使用Microsoft 365 OneDrive或SharePoint可以与同事同时协作处理PPT。

若要同时处理PPT，所有作者都需要使用PowerPoint 2010 或更高版本（Windows）、PowerPoint 2016 for Mac 或更高版本、PowerPoint 网页版。

01 创建PPT的草稿，并将其保存到共享平台，如 OneDrive 或 SharePoint。

02 在工具栏中单击【共享】按钮。

03 在弹出的【发送链接】对话框中输入要共享PPT的同事的姓名或电子邮件地址。根据需要向同事添加一条消息，单击【发送】按钮。

04 同事进入共享的PPT即可编辑。

第11章

使用模板快速制作PPT

本章将使用改造模板的方法，介绍如何快速制作PPT。

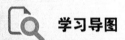 **学习导图**

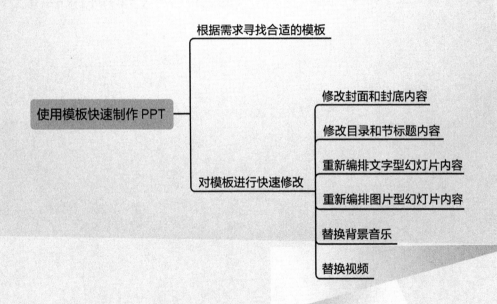

根据需求寻找合适的模板

根据需求寻找合适的模板，首先要明确3件事：模板的主题和用途，模板的风格，有哪些PPT模板网站可供使用。然后再去PPT模板网站进行搜索并下载。下面以"年终工作总结"为例来寻找合适的模板。

1. 明确目标模板的主题和用途

在搜索"年终工作总结"PPT模板之前，首先要考虑的是PPT要表达的主题和用途是什么。

2. 明确目标模板的风格

第10章介绍过确定风格主要是指确定PPT的设计风格。这一方面取决于PPT的主题，另一方面取决于观众。

PPT的主题是工作总结，通常使用商务风或简约风。

PPT的观众是成年人，使用商务风或简约风均可。

3. 提供PPT模板的网站

提供PPT模板的网站有OfficePLUS、Canva可画、51PPT模板、熊猫办公、稻壳儿等。

4. 下载PPT模板

下面以在OfficePLUS下载模板为例，介绍如何搜索、下载PPT模板。

01 在搜索引擎中输入"OfficePlus"进行搜索，找到 OfficePLUS 官网并进入。

02 单击 OfficePLUS 官网右上方的【登录】按钮，进行扫码登录。

03 在右上方搜索框内输入"年终总结报告"并单击【PPT】单选钮，单击右侧的搜索按钮进行搜索。

▌04▐ 可以看到搜索出的与"年终总结报告"相关的模板。

▌05▐ 选择合适的模板，单击模板右侧的【下载】按钮即可下载模板。

对模板进行快速修改

在对模板进行修改时，可以更改PPT的字体、插图，也可以重新编排某页的内容。

11.2.1 修改封面和封底内容

在修改封面和封底内容之前，先批量修改整个PPT的字体。

配套资源

第11章\图标—原始文件、
　　年终工作总结—原始文件

第11章\年终工作总结—最终效果

请观看视频

1. 批量修改整个PPT的字体

01 将光标置于PPT中的任意位置，切换到【开始】选项卡，单击【替换】按钮的右半部分，在弹出的下拉列表中选择【替换字体】选项。

02 弹出【替换字体】对话框，在【替换】下拉列表中选择原字体"楷体"，在【替换为】下拉列表中选择新字体"微软雅黑"，单击【替换】按钮，将PPT中的字体批量替换为"微软雅黑"。

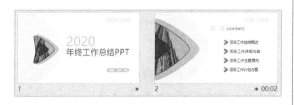

2. 修改封面内容

修改封面内容主要包括修改公司Logo和修改文案。

01 切换到【插入】选项卡，单击【图片】按钮，在弹出的下拉列表中选择【此设备】选项。

02 在弹出的【插入图片】对话框中找到公司Logo图片的存储位置并选中图片，单击【插入】按钮。

03 在插入的图片上单击鼠标右键，在弹出的快捷菜单中选择【大小和位置】选项。

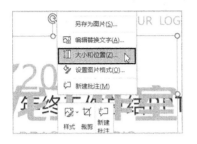

04 在弹出的【设置图片格式】任务窗格中，将高度和宽度设置为左下图所示数据，将位置也设置为左下图所示数据，删除原先的文字"YOUR LOGO"，设置好的效果如右下图所示。

05 修改文案，将标题修改为"2022年终工作总结"，将汇报人修改为"陈海涛"，完成封面页的修改。

3. 修改封底内容

将封面页中的公司Logo复制到封底页中，删除原先的文字"YOUR LOGO"。将"2020"修改为"2022"，将汇报人修改为"陈海涛"，完成封底页的修改。

11.2.2 修改目录和节标题内容

下面依次修改目录和节标题内容。

配套资源
第11章\年终工作总结01—原始文件
第11章\年终工作总结01—最终效果

请观看视频

1. 修改目录

将封面页中的公司Logo复制到目录页中，删除原先的文字"YOUR LOGO"，然后修改文案，详见下页图所示，完成目录页的修改。

然后修改文案，注意文案与目录页的每节标题一致，完成节标题内容页的修改。用相同的方法修改其他3页的节标题内容，此处不再具体展示。

2. 修改节标题内容

███ 将封面页中的公司Logo复制到节标题内容页中，删除原先的文字"YOUR LOGO"，

11.2.3 重新编排文字型幻灯片内容

修改文字型幻灯片内容，具体来说就是按照准备好的文案修改幻灯片中的文字。以第1页内容页为例进行修改，其他页的修改同理，不做具体展示。

███ 先根据节标题内容页修改后面内容页的标题，注意二者保持一致。修改内容页的具体文案，详见下图所示，完成文字型幻灯片的修改。

配套资源
第11章\年终工作总结02—原始文件
第11章\年终工作总结02—最终效果

请观看视频

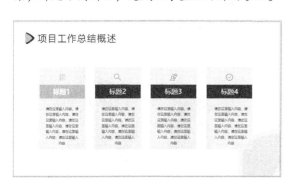

11.2.4 重新编排图片型幻灯片内容

观察右图所示的图片型幻灯片，对其进行修改的任务有两项，一是替换原图片（注意应先查看原图片的纵横比，然后按此比例裁剪新图片），二是按照准备好的文案修改幻灯片中的文字。下面以两张图片型幻灯片为例进行修改，其他页的修改同理，不做具体展示。

配套资源
第11章\图片—原始文件、 年终工作总结03—原始文件
第11章\年终工作总结03—最终效果

请观看视频

01 切换到【插入】选项卡，单击【图片】按钮，在弹出的下拉列表中选择【此设备】选项。

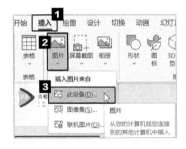

02 在弹出的【插入图片】对话框中找到待插入图片并将其选中，单击【插入】按钮。

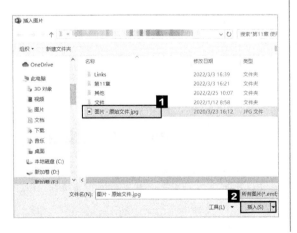

03 单击插入的图片，切换到【图片格式】选项卡，单击【裁剪】按钮的下半部分，在弹出的下拉列表中选择【纵横比】→【4:3】选项。

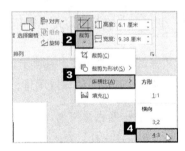

04 图片呈现待裁剪的效果，单击图片外区域的任意一点，图片即可被裁剪好。

05 将图片放大到和原图片一样的尺寸，删除原图片，将新图片放到原图片的位置。

06 选中图片，切换到【图片格式】选项卡，单击【下移一层】按钮的下半部分，在弹出的下拉列表中选择【下移一层】选项，将图片放到原图片的层次。

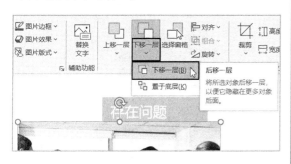

07 修改该页的文案，将标题改为与节标题一致的内容，即改为"问题与思考"。该图片型幻灯片就修改好了。

下面进行另一张图片型幻灯片的修改。

01 切换到【插入】选项卡，单击【图片】按钮，在弹出的下拉列表中选择【此设备】选项。

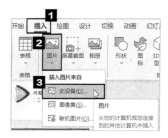

02 在弹出的对话框中找到新图片并将其选中，单击【插入】按钮。

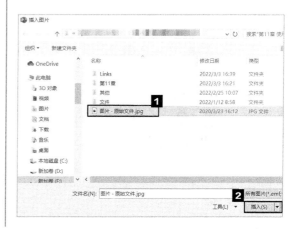

03 单击插入的图片，切换到【图片格式】选项卡，单击【裁剪】按钮的下半部分，在弹出的下拉列表中选择【纵横比】→【1:1】选项。

04 单击【裁剪】按钮的下半部分，在弹出的下拉列表中选择【裁剪为形状】→【椭圆】选项，图片即可被裁剪为圆形。

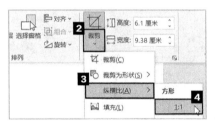

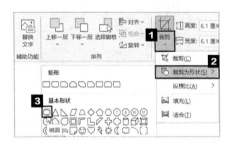

05 将图片设置为下图所示的高度和宽度。

06 单击插入的图片，切换到【图片格式】选项卡，单击【图片边框】按钮的右半部分，在弹出的下拉列表中选择【粗细】→【1.5磅】选项，即可为图片添加边框。

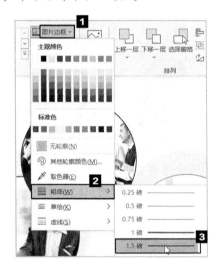

07 将该图片复制两份。

08 单击新图片中的一张，切换到【图片格式】选项卡，单击【图片边框】按钮的右半部分，在弹出的下拉列表中选择【取色器】选项。

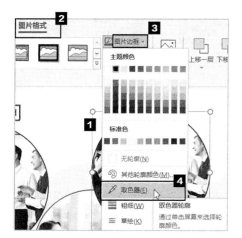

09 鼠标指针变成吸管形状，单击原图片的下方金色图形，新图片的边框即可变成金色。

10 将另一张新图片的边框按照相同的方法设置成蓝色。

11 将原图片删除，将新图片放到原图片的位置。

12 选中图片，切换到【图片格式】选项卡，单击【排列】按钮，在弹出下拉列表中选择【下移一层】选项，完成后，再选择一次【下移一层】选项。

13 将新图片放到原图片的层次的效果如下图所示。

14 将其他两张图片也按照此方法放到原图片的层次。

15 修改该页幻灯片的文案，将标题改为与节标题一致的内容，即改为"问题与思考"。本页图片型幻灯片就修改好了。

11.2.5 替换背景音乐

替换PPT模板原有背景音乐的具体步骤如下。

01 选中音频，按【Delete】键将其删除。

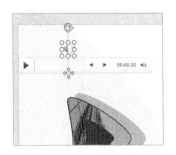

02 单击PPT首页空白处，切换到【插入】选项卡，单击【音频】按钮，在弹出的下拉列表中选择【PC上的音频】选项。

03 在弹出的【插入音频】对话框中选择要插入的背景音乐，单击【插入】按钮，将背景音乐插入PPT。

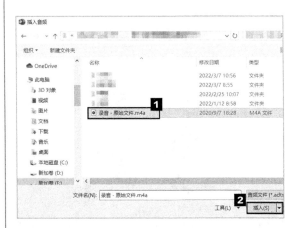

04 将背景音乐拖曳到幻灯片的左上方，以免遮挡幻灯片标题。

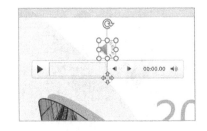

这样背景音乐就替换好了，在放映PPT时，只要提前单击播放按钮，就可使背景音乐贯穿放映的全过程。

11.2.6 替换视频

替换PPT模板中的视频的操作步骤如下。

01 选中PPT中第10页的视频，直接按【Delete】键将其删除。

02 单击要插入视频的幻灯片页面空白处，切换到【插入】选项卡，单击【视频】按钮，在弹出的下拉列表中选择【此设备】选项。

03 在弹出的对话框中选择要插入的视频，单击【插入】按钮，将视频插入PPT。

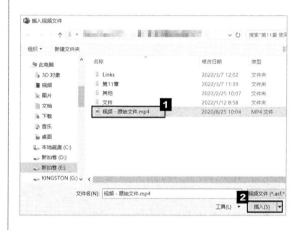

04 拖曳视频四角的控制点调整视频大小并将视频移动到幻灯片的右上方，以免遮挡幻灯片标题。单击【播放/暂停】按钮即可播放视频。

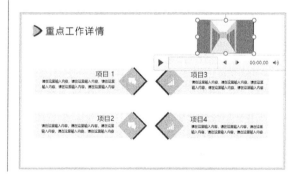

问题解答

图片背景填充如何实现

幻灯片的背景图片怎么设置才能使其铺满整页而又不失真呢?

01 在空白的幻灯片中单击鼠标右键,在弹出的快捷菜单中选择【设置背景格式】选项。

02 在弹出的【设置背景格式】任务窗格中,单击【图片或纹理填充】单选钮,单击【图片源】下的【插入】按钮。

03 在弹出的列表中选择【来自文件】选项。

04 在弹出的【插入图片】对话框中找到背景图片并选中,单击【插入】按钮。

05 选中的图片作为背景填充到了幻灯片中,并铺满了整张幻灯片。

第12章

PPT 的动画设置与放映

前两章介绍了PPT的编辑与设计，以及如何为PPT添加背景音乐和视频。如果在放映的过程中觉得PPT比较单调，应该怎么办呢？这就需要为PPT加上动画效果，使PPT变得有趣。此外，本章还将介绍放映PPT的方法，以及如何将PPT转换为其他格式的文件。

学习导图

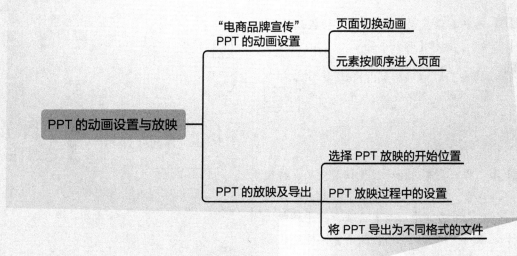

12.1 "电商品牌宣传" PPT的动画设置

电商品牌宣传就是把企业的产品和特定的形象通过某种手段深刻地映入消费者的心中，制作电商品牌宣传PPT是进行品牌宣传的手段之一。PPT中的动画可以分为两大类：页面切换动画和元素动画。下面分别进行介绍。

12.1.1 页面切换动画

设置页面切换动画可以使页面在切换时具有动感，这样，PPT在放映时会更加生动。以下是具体步骤。

配套资源
第12章\电商品牌宣传—原始文件
第12章\电商品牌宣传—最终效果

请观看视频

01 选中要设置动画的页面，切换到【切换】选项卡，选择【形状】选项。

02 根据需要有选择地设置切换效果、持续时间、声音。单击【效果选项】按钮，在弹出的下拉列表中选择【加号】选项，将【持续时间】设置为"01.00"，【声音】保持默认设置，即无声音。

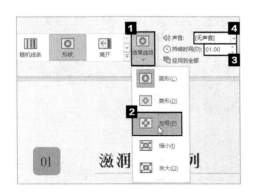

03 切换效果设置完成后，单击【预览】按钮预览效果。如果效果理想，则继续进行下一项操作；如果效果不理想，可以重新设置。

提示

如果在此基础上选择其他切换方式，则新选择的切换效果将覆盖原有的切换效果。

这样，一个页面切换动画就设置好了，其他的PPT页面切换动画的设置同理，根据具体需要设置即可。

12.1.2 元素按顺序进入页面

大部分PPT页面中都包含多种元素，如文字、图片、形状等，这些元素的重要程度是不同的。为了突出重点，让观众迅速领会PPT的内容，可以为PPT中的不同元素添加不同的动画效果，使其按照指定的顺序在PPT页面中出现。以下是简要步骤。

01 进入第2张幻灯片，选中要设置动画的元素"01"组合，切换到【动画】选项卡，选择【飞入】选项，为"01"组合设置"飞入"动画效果。

02 在本张幻灯片中，"01"组合、"02"组合与"03"组合位于同一等级，所以按照同样的方法为"02"组合和"03"组合设置"飞入"动画效果，这里不再展示具体步骤。

03 选中要设置动画的元素"滋润产品系列"，切换到【动画】选项卡，选择【形状】选项，为"滋润产品系列"设置"形状"动画效果。

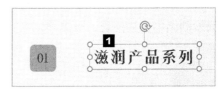

04 在本张幻灯片中，"滋润产品系列"和"修复产品系列"与"防晒产品系列"位于同一等级，所以按照同样的方法为"修复产品系列"和"防晒产品系列"设置"形状"动画效果，这里不再展示具体步骤。

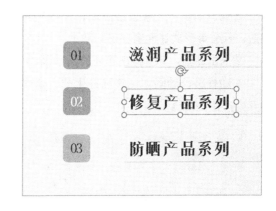

 05 动画效果设置完成后，单击【预览】按钮的上半部分预览效果。如果效果理想，则继续进行下一项操作；如果效果不理想，可以重新设置。

这样，一个页面的元素动画就设置好了，其他元素动画的设置同理，根据具体需要进行设置即可。

提示

在一个页面中，设置元素动画的顺序决定了元素动画效果出现的顺序：先设置，先出现；后设置，后出现。

功能区中默认显示的动画数量有限，只显示了几种进入动画，单击【其他】按钮，可以看到不仅有进入动画，还有强调动画、退出动画和动作路径动画，如下图所示。

各种动画的简单介绍如下。

①进入动画：在PPT页面中，元素刚刚生成时的动画。

②强调动画：元素已经生成，通过旋转、缩放、反差等形式让元素突出的动画。

③退出动画：元素退出页面时的动画。

④动作路径动画：元素已经生成，通过移动元素产生的动画。

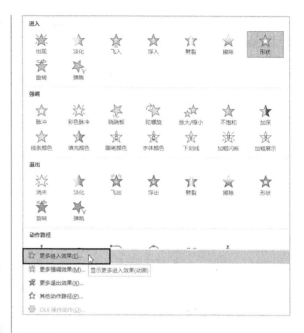

提示

在为PPT中的元素设置动画时，如果对当前列表框中的动画效果都不满意，可以通过选择上图下方的【更多进入效果】【更多强调效果】【更多退出效果】【其他动作路径】选项，弹出相应的对话框，其中会显示对应的所有动画。

下图所示为选择【更多进入效果】选项后弹出的对话框。

12.2 PPT的放映及导出

　　放映与导出是PPT制作的最后一个重要环节，PPT做得再好，不会放映和导出也不行。本节将重点介绍PPT的放映与导出的知识。

12.2.1 选择 PPT 放映的开始位置

　　大多数情况下，PPT是需要进行放映展示的，那么PPT应该如何开始放映，如何按照指定的方式进行放映呢？

　　设置PPT开始放映的方式有很多种，按照放映开始的位置可以分为两种：一种是从头开始放映，另一种是从指定幻灯片开始放映。

1. 设置PPT从头开始放映

　　切换到【幻灯片放映】选项卡，单击【从头开始】按钮；或者按【F5】键，即可从头开始放映PPT。

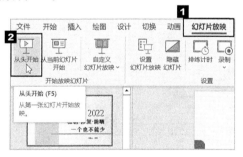

2. 设置PPT从指定幻灯片开始放映

　　选中需要开始放映的幻灯片，切换到【幻灯片放映】选项卡，单击【从当前幻灯片开始】按钮，设置PPT从指定幻灯片开始播放。也可以直接按【Shift】+【F5】组合键从指定幻灯片开始播放。

12.2.2 PPT 放映过程中的设置

　　设置PPT的放映方式的简要步骤如下。

　　01 切换到【幻灯片放映】选项卡，单击【设置幻灯片放映】按钮。

02 在弹出的对话框的【放映幻灯片】选项组中选中【全部】单选钮，在【放映选项】选项组中勾选【循环放映，按ESC键终止】复选框，在【推进幻灯片】选项组中选中【手动】单选钮，单击【确定】按钮，PPT放映方式设置完毕。（可根据具体情况灵活设置，此处仅举例。）

12.2.3 将 PPT 导出为不同格式的文件

PPT制作完成后，经常需要分享。在分享过程中，可以根据接收者的需求，将PTT导出为不同的格式，如图片、PDF文件或视频等。

1.将PPT导出为图片

配套资源
第12章\电商品牌宣传04—原始文件
第12章\电商品牌宣传04—最终效果

请观看视频

将PPT导出为图片的具体操作步骤如下。

01 单击【文件】按钮，在弹出的界面中选择【另存为】→【浏览】选项。

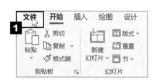

02 在弹出的对话框中选择存放的位置，设置文件的【保存类型】为PNG格式，单击【保存】按钮。

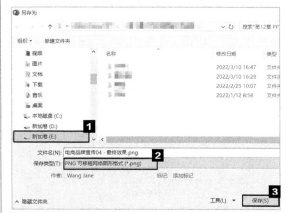

03 在弹出的对话框中单击【所有幻灯片】按钮。

04 在弹出的对话框中单击【确定】按钮。

05 找到存放图片的位置，双击文件夹将其打开，即可看到每张幻灯片都被导出成了单张图片。

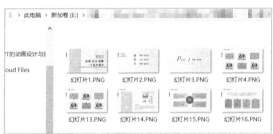

2. 将PPT导出为PDF文件

一些报告类的PPT通常需要分享给领导，为了避免软件版本不同而造成版面混乱，在分享PPT时，可以同时分享一份PDF文件。将PPT导出为PDF文件的方法与将其导出为图片的方法相似，都是通过另存为操作导出。

配套资源
第12章\电商品牌宣传05—原始文件
第12章\电商品牌宣传05—最终效果

请观看视频

01 单击【文件】按钮，在弹出的界面中选择【另存为】→【浏览】选项。

02 在弹出的对话框中选择存放的位置，设置文件的【保存类型】为PDF格式，单击【保存】按钮。

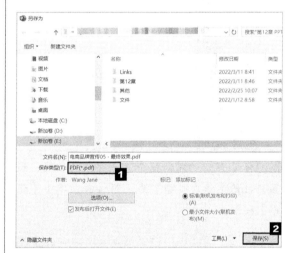

03 找到存放PDF文件的位置，即可看到导出的PDF文件。

3. 将PPT导出为视频

通过对图片动画及页面切换动画进行简单的设置，再辅以背景音乐，从而制作出一个展示图片的视频是相对容易的。那如何将PPT导出为视频呢？具体操作如下。

Word/Excel/PPT 2021 办公应用 从入门到精通

配套资源
第12章\电商品牌宣传06—原始文件
第12章\电商品牌宣传06—最终效果

请观看视频

01 单击【文件】按钮，在弹出的界面中选择【另存为】→【浏览】选项。

02 在弹出的对话框中选择存放的位置，设置文件的【保存类型】为视频格式，单击【保存】按钮。

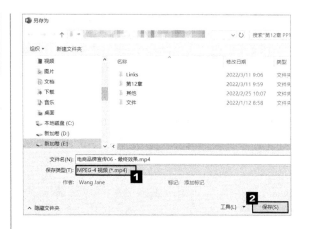

03 找到存放视频的位置，即可看到导出的视频文件。

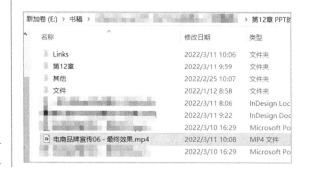

问题解答

如何使用动画刷快速复制动画效果

PowerPoint中的动画刷的功能和格式刷类似，使用它可以大幅提高工作效率。

配套资源
第12章\电商品牌宣传07—原始文件
第12章\电商品牌宣传07—最终效果

请观看视频

01 打开本实例的原始文件，选中第一个要设置动画的组合形状，切换到【动画】选项卡，在【动画】组中选择【飞入】动画效果。

02 在【动画】组中单击【效果选项】按钮，在弹出的下拉列表中选择【自左上部】选项。

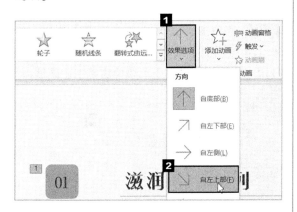

03 在【计时】组的【开始】下拉列表中选择【上一动画之后】选项，将选中组合形状的动画设置为上一动画结束后自左上部飞入页面。

04 选中动画的组合形状，在【高级动画】组中单击【动画刷】按钮。

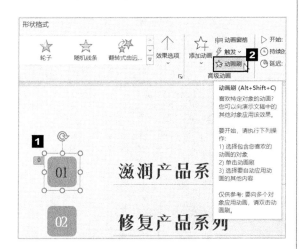

05 鼠标指针变成小刷子形状，单击第2个组合形状，将第1个组合形状的动画效果完整地复制给第2个组合形状。

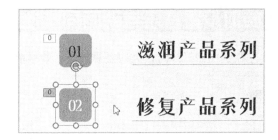

06 第1个组合形状的动画是在上一动画之后进行，而对于第2个组合形状的动画，我们想让其与第1个组合形状的动画同时进行，可以在【计时】组的【开始】下拉列表中选择【与上一动画同时】选项。

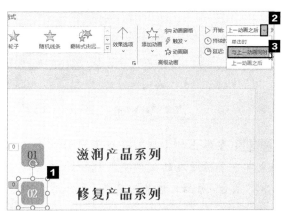

07 按照同样的方法将第3个组合形状设置为和第2个组合形状相同的动画效果，如下图所示。

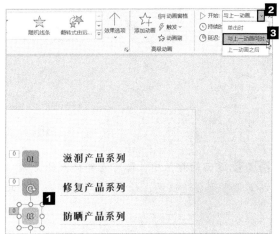

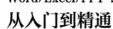

如何设置音乐与动画同步播放

在制作幻灯片时，为动画添加声音效果能更好地展示PPT。

01 打开本实例的原始文件，选中第3张幻灯片，切换到【插入】选项卡，在【媒体】组中单击【音频】按钮，在弹出的下拉列表中选择【PC上的音频】选项。

02 在弹出的【插入音频】对话框中，选择声音素材所在的文件夹，选中所需要的音乐"录音–原始文件"，单击【插入】按钮。

03 返回幻灯片中，即可看到插入的音频，将其调整到合适位置。

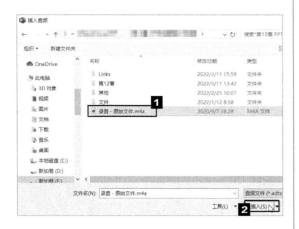

04 选中音频，切换到【播放】选项卡，在【音频选项】组的【开始】下拉列表中选择【自动】选项，勾选【放映时隐藏】复选框。

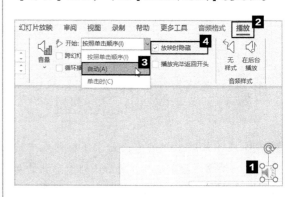

05 选中"滋润产品系列"，切换到【动画】选项卡，在【高级动画】组中单击【添加动画】按钮，在弹出的下拉列表中选择【更多进入效果】选项。

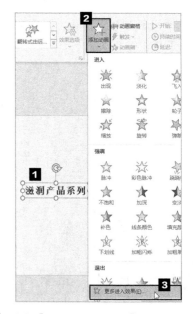

06 弹出【添加进入效果】对话框，在【细微】选项组中选择【淡化】选项，单击【确定】按钮。

07 返回幻灯片中，在【计时】组的【开始】下拉列表中选择【与上一动画同时】选项。

08 在【高级动画】组中单击【动画窗格】按钮。

09 在弹出的【动画窗格】任务窗格中选择要用到的音频，单击其右侧的下拉按钮，在弹出的下拉列表中选择【计时】选项。

10 弹出【播放音频】对话框，切换到【计时】选项卡，在【开始】下拉列表中选择【与上一动画同时】选项，在【重复】下拉列表中选择【直到幻灯片末尾】选项，单击【确定】按钮。

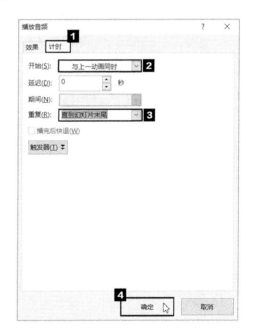

11 在【添加动画】下拉列表中选择【播放】选项即可完成音乐与动画同步播放的设置。

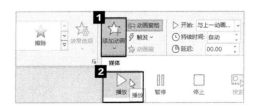

如何设置自动切换页面

在幻灯片放映时，可以设置自动切换页面，而不必每次都通过单击来切换到下一张幻灯片。当一张幻灯片中的内容比较多时，可以将自动切换到下一张幻灯片的时间间隔设置得长一些，反之，可以将时间间隔设置得短一些。

01 打开本实例的原始文件，选中第2张幻灯片，切换到【切换】选项卡，在【计时】组中勾选【设置自动换片时间】复选框，在其右侧的微调框中输入合适的时间，如5s。

02 单击第3张幻灯片，此幻灯片中的内容比较多，在【设置自动换片时间】右侧的微调框中输入"00:08.00"（8s）。在放映幻灯片时，切换到此幻灯片8s后才会切换到下一张幻灯片。